武裝台灣
1945
米機襲來 II

甘記豪 —— 著
王子碩 —— 上色彩繪

目次

4　推薦序｜被遺忘的天空，被深埋的記憶

9　前言

第一部｜武裝台灣

12　名詞釋義

13　認識通稱號

14　第10方面軍——台北

19　第9師團——新竹

20　獨立混成第102旅團——花蓮港

21　獨立混成第103旅團——淡水

22　獨立混成第112旅團——宜蘭

23　船舶工兵

24　第8飛行師團

29　第12師團——關廟

31　第50師團——潮州

32　第66師團——台北

34　第71師團——斗六

36　獨立混成第75旅團——新竹、澎湖

37　獨立混成第76旅團——基隆

38　獨立混成第100旅團——高雄

39　獨立混成第61旅團

41　參考書目

第二部｜米機襲來 II

46　台北州

56　新竹州

70　台中州

106　台南州

126　高雄州

154　花東澎廳

168　尚未確認地點

推薦序
被遺忘的天空，被深埋的記憶

朱家煌醫師
關懷台籍老兵文化協會理事長

80年的時光，足以讓記憶褪色，讓歷史蒙塵。然而，有些傷痕，即便時間沖刷，依然深刻；有些故事，即便乏人問津，仍舊低語。今天，我們手上這本書，便是要撥開歲月的迷霧，挖掘那段被大多數台灣人遺忘，卻又真實發生在我們腳下這片土地上的歷史——二戰期間美軍對台灣的空襲。

身為台灣人，我們從小在課本上學習中國的朝代更迭，背誦歐洲的工業革命，甚至對美國的南北戰爭都耳熟能詳。然而，當我們談論到離我們最近的這塊土地，這片孕育了我們的島嶼，在近代的苦難與掙扎時，我們的知識卻往往顯得支離破碎，甚至嚴重匱乏。這種歷史認知上的缺憾，不僅讓我們失去了與土地的連結，更讓我們難以真正理解今日台灣的處境與未來。

為什麼要重提80年前的空襲？

或許有人會問，為什麼要重新提起80年前的空襲？那不過是戰爭的一部分，早已過去，何必再揭開瘡疤？然而，正是這種「過去就過去」的態度，讓許多寶貴的歷史教訓被束之高閣，讓無數個體的痛苦與犧牲被輕描淡寫。歷史從來不是為了仇恨，而是為了理解；不是為了責難，而是為了反思。

美軍對台灣的空襲，不僅僅是戰爭中一次戰術性的行動，它更是台灣近代史上一個極其關鍵的轉捩點。它標誌著太平洋戰爭的戰火真正燒到了台灣的家園，將這座原本在殖民統治下相對「安靜」的島嶼，推向了戰爭的最前線。空襲的轟鳴聲，撕裂了台灣人看似平靜的生活，讓無數家庭支離破碎，讓許多生命在頃刻間化為烏有。這場戰爭，無論我們如何定位台灣當時的角色，都無法否認台灣人是實實在在的受害者。他們承受了砲火的洗禮，體驗了死亡的恐懼，見證了家園的毀滅。

更重要的是，這段歷史與我們現在所熟悉的「光復」敘事有著密不可分的關係。長久以來，台灣的歷史教育偏重於戰後中華民國政府來台後的歷史，對於日本殖民時期末期，特別是二戰期間台灣所經歷的一切，卻是輕描淡寫。這種敘事上的空白，使得許多台灣人對自己的過去缺乏整體的理解，對台灣這塊土地上真實發生的苦難與奮鬥，感到陌生。

本書所揭露的美軍空襲，正是填補這一空白的重要環節。它讓我們得以看見，在盟軍與軸心國的激烈交鋒中，台灣如何成為了戰略目標，台灣人如何在戰爭的夾縫中求生。這些空襲的細節，從最初的偵察，到大規模的轟炸，再到戰後的評估，無不反映了當時國際局勢的瞬息萬變，以及台灣在全球棋盤中的尷尬位置。

歷史的碎片與個人的記憶

這本書的價值，不僅在於它補齊了宏觀的歷史圖景，更在於它細膩地呈現了歷史的碎片，那些由無數個體記憶所構築的真實。書中透過詳實的史料考證，包括美軍的作戰報告、飛行員的日記、戰地照片，以及最重要的——台灣在地受害者的口述歷史，將我們帶回到那個硝煙瀰漫的年代。

當我們讀到美軍飛行員在任務簡報中，如何將台灣的城鎮標示為攻擊目標；當我們看到被炸毀的房屋殘骸，被燒焦的土地；當我們聽到倖存者顫抖的聲音，講述躲避轟炸的經歷，或是目睹親人罹難的悲劇，我們才能真正感受到歷史的重量，感受到那段被遺忘的痛苦。

這些個人的記憶，是歷史最鮮活的證據。它們提醒我們，歷史從來不是冰冷的數字或事件的羅列，而是由一個個有血有肉的人所共同編織而成。他們的恐懼、他們的堅韌、他們的失去，都構成了台灣歷史不可磨滅的一部分。而這些記憶，許多隨著時間的流逝，正逐漸凋零。

許多當年經歷過空襲的長者,已年邁或已逝世。如果我們不加以記錄與保存,這些寶貴的第一手資料將永遠消失。

超越「中國史觀」與「日本史觀」:建立台灣主體性歷史觀

長久以來,台灣的歷史敘事深受兩種外部史觀的影響:一是大中國史觀,將台灣視為中國的一部分,所有歷史事件都必須納入中國的框架下理解;二是日本殖民史觀,雖然在某些方面提供了台灣近代化的視角,但其本質仍是殖民者的視角,強調日本統治的「貢獻」。

這兩種外部史觀,無論其出發點為何,都或多或少地遮蔽了台灣作為一個獨立歷史主體的真實面貌。在這些敘事中,台灣人自身的感受、台灣社會內部的變革、台灣與世界互動的獨特性,往往被邊緣化,甚至被刻意忽視。

本書所揭示的美軍空襲台灣歷史,正是一個契機,讓我們得以跳脫這些外部框架,建立屬於台灣人自己的歷史觀。美軍空襲的目標是台灣,而受害者是生活在台灣的百姓。無論當時台灣的國際地位如何界定,戰爭的現實都直接降臨在這塊土地上的人民身上。這種苦難的共同經歷,是台灣人共同的歷史記憶,更是建立台灣主體性歷史觀的基石。

當我們從台灣人的視角出發,重新審視美軍空襲這段歷史時,我們會發現許多不同的層次。我們不僅要了解美軍的戰略意圖,更要理解台灣人當時的心理狀態;我們不僅要研究日本殖民政府的應對措施,更要關注台灣社會底層人民的掙扎與互助。這種對自身歷史的深入探究,才能讓我們真正理解台灣過去的選擇與今日的困境,進而為未來的發展找到方向。

歷史的警示與當代的啟示

歷史從來不是一堆塵封的檔案，而是對當下的警示，對未來的啟示。80年前美軍對台灣的空襲，不僅是過去的傷痕，更為今日的台灣提供了深刻的反思。

首先，它提醒我們戰爭的殘酷與無情。和平從來不是理所當然，而是需要努力維護的珍寶。當年的台灣，在戰火的洗禮下承受了巨大的苦難，無數生命被戰爭吞噬，無數家庭因戰爭離散。今日的台灣，依然面臨著複雜的國際局勢與潛在的衝突風險。回顧這段歷史，讓我們更加警醒，更加珍惜和平，並努力尋求避免戰爭的智慧。

其次，它提醒我們，台灣從來不是一個被動的旁觀者，而是世界格局中的關鍵一員。在二戰中，台灣因其戰略位置而成為盟軍的重要目標。今日的台灣，在全球經濟、地緣政治中扮演著舉足輕重的角色。我們的命運從來就與世界緊密相連。了解這段歷史，有助於我們更好地理解台灣在國際社會中的位置，以及我們所面臨的挑戰與機遇。

再者，這本書也提醒我們，歷史的真相往往是多面向的，不應被單一的官方敘事所壟斷。美軍空襲台灣這段歷史，在台灣過去的歷史教育中，往往被歸結為「美日戰爭」的一部分，而鮮少強調台灣人的受害與抗爭。本書透過多方視角的呈現，讓我們看到了歷史的複雜性，鼓勵我們以批判性思維去審視過往，去挖掘被掩蓋的真相。這對於培養獨立思考的能力，建立健全的公民社會至關重要。

最後，這本書是對台灣人身份認同的一次深刻呼喚。只有真正了解自己的歷史，才能建立堅實的身份認同。當我們知道我們的先民曾在這片土地上經歷過怎樣的苦難，付出過怎樣的犧牲，我們才能對這片土地產生更深厚的情感，才能更加珍惜我們的家園。這份對土地的認同，

是我們共同面對未來挑戰的力量源泉。

讓歷史的記憶成為前行的力量

這本書的出版，無疑是對台灣歷史教育的一次重要補充，更是對台灣人認識自身歷史的一次強力推動。它不僅僅是一本歷史書，它更是一面鏡子，映照出我們過去的傷痕，也映照出我們今日的處境。

我們不能選擇我們的歷史，但我們可以選擇如何面對歷史。遺忘歷史，意味著放棄了從中汲取教訓的機會；漠視歷史，則可能讓悲劇重演。唯有正視歷史，直面痛苦，才能從中獲得力量，走出自己的道路。

願這本書，能成為我們共同探索台灣歷史的起點。願它能激發更多人對本土歷史的興趣，去追尋那些被遺忘的故事，去聆聽那些漸漸消失的聲音。讓80年前那片被戰爭烏雲籠罩的天空，不再是遙遠的記憶，而是化為我們認識自身、思考未來的重要篇章。讓歷史的記憶，不再是沉重的包袱，而是成為我們繼續前行的動力。

翻開這本書，讓我們一同回到那段被空襲撕裂的年代，感受歷史的脈動，聆聽先民的呼喚。唯有了解本土真正的歷史，我們才能真正站穩腳跟，昂首走向未來。

前言

筆者於2015年8月（逢終戰70周年），出版《米機襲來》一書迄今已歷數個寒暑。對於二戰美軍空襲偵查台灣的照片仍持續收藏，這些照片收集得來不易，除了花費時間關注（可能一年連一張也不會出現）和金錢上的花費，如果沒有熱情真的是難以持續下去。

2015年《米機襲來》一書出版後，受到不少關心的朋友來信斧正或建議。有些朋友指出書上錯置的謬誤，有些朋友指出書上新考察出的地點。就在此期間，一位德台混血的年輕人Ian Wengmann（魏以恩）提出了對書的建議，細問之下，原來年輕的他曾探訪散落在台澎金馬各地的軍事遺構。不得不佩服他對於軍事遺跡及日本統治時期日軍台灣防守的專注與研究。本書的完成其實得力不少於這位「後起之秀」，願藉出版的機會在此致上謝意。

本書的架構與2015《米機襲來》只提到駐台日本陸海軍航空隊，不同之處是指出日軍於1944-1945年在台澎的陸軍部隊守備範圍，加上所屬部隊的通稱號。讓有收集「軍事郵便、軍隊匯款單、應召者入營調查書、軍隊手帳和身分證明書」的讀者也可藉由本書，知道文獻出自哪個部隊，每個駐防師團/混成旅團所在地區。當然卷末的偵查/空襲照片也是不可少的部分，我們將承襲《米機襲來》以「五州三廳」的圖片分類，另外加上「尚未確認地點」，希望以後有高手可以識破這些未解之謎。

第01部

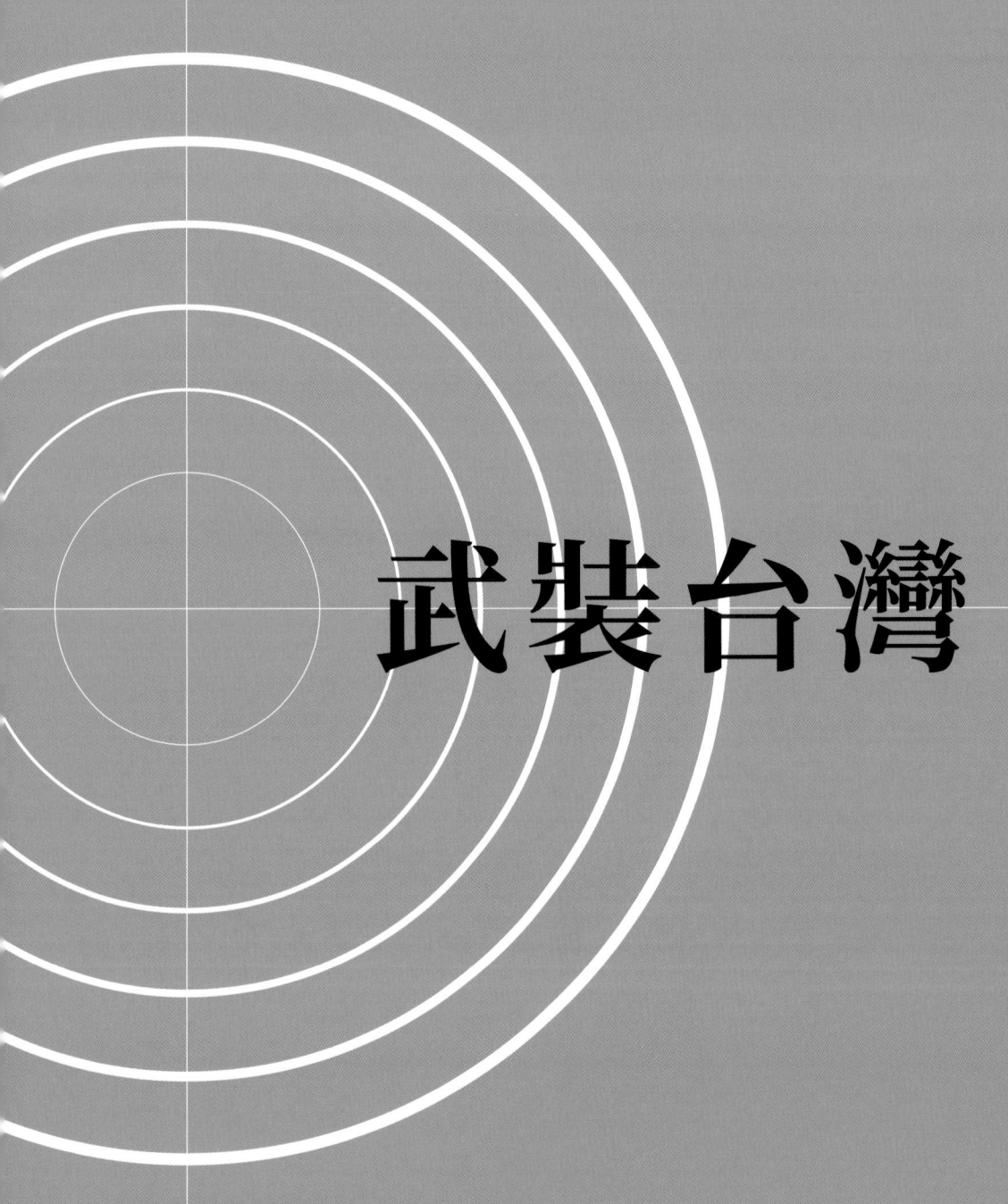

武裝台灣

名詞釋義

原文	意義
飛行場	機場
驛	火車站
製糖所	糖廠
比島（比律賓之略稱）	菲律賓

軍階說明

日本陸軍軍階在准尉以上被稱為將校（軍官），其上分為少、中、大（尉、佐、將），「大佐」即是我們所說的「上校」。

下士官則分為曹長（士官長或上士），軍曹（中士），伍長（下士）。

認識通稱號

平時於本土的常設師團，因為司令部與駐紮地的位置都已確定，因此沒有使用代號的必要。只有戰時才開始整編的部隊，為避免佈防、移防等部隊洩漏而隱藏其正式名稱。終戰時，台灣與澎湖總共有5個師團加上6個獨立混成旅團駐防。

通稱號為賦予師團、獨立混成旅團以上擁有獨立作戰能力的部隊1或2個漢字作為代號。其隸下部隊則以2至5位數來區別。此處漢字被稱為「兵團文字符」，數字則稱為「通稱番號」。以上兩者合稱為「通稱號」，乃依據《陸軍部隊戰時通稱號規定（陸機密第143號）》所訂定的，此外還有「通稱符」與「密匿號」等說法。

與日本陸軍編制不同的日本海軍則不使用通稱號。海軍通常使用地名加部隊名的樣式呈現。例如；虎尾／東港海軍航空隊、高雄右沖海軍志願兵訓練所、馬公港在泊軍艦○○等。

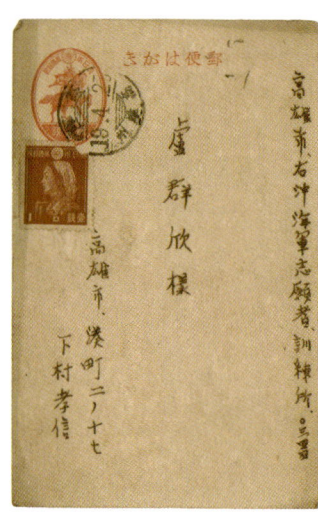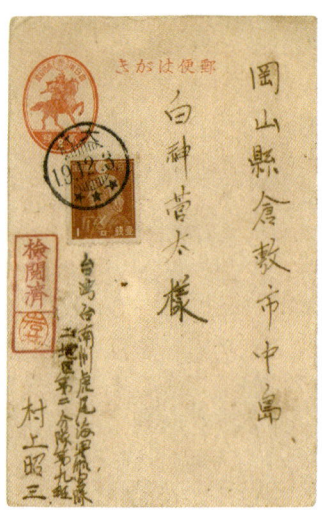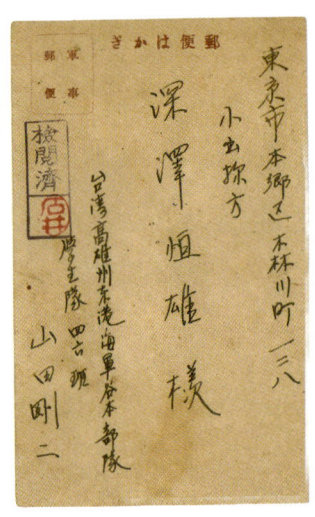

台灣最早的通稱號出現在第48師團（海8940）與台灣步兵聯隊上，他們分別是：台灣步兵第一聯隊（海8942）與台灣步兵第二聯隊（海8943）。

第10方面軍

原台灣軍經過擴編，在1944年9月22日成立了第10方面軍統轄台灣、澎湖與沖繩的防務。以下說明：「師團或旅團名」、「司令部所在地」、「終戰時司令官」的方式呈現。

司令部所在地｜**台北**
終戰時司令官｜**安藤利吉大將** ❶

兵團文字符：**灣（台灣）**

台北

部隊名稱	通稱番號	備註
第10方面軍航空情報隊	4570	廣川勝正中佐
第10方面軍野戰兵器廠		
第10方面軍野戰貨物廠	12806	
第10方面軍通信隊	1791	
台灣陸軍兵器補給廠	12800	前田房次大佐
台灣陸軍貨物廠	12805	佐藤正行大佐
臨時台灣防疫部	21136	
獨立混成第26聯隊	12936	
獨立混成第35聯隊	11251	
電信第33聯隊	21301	谷貝安次少佐
電信第34聯隊	12877	台北；林 毅木中佐
第11通信隊		林 毅木中佐
第10方面軍教育隊		鈴木偉一郎中佐
第10游擊隊本部	12875	
第1高砂游擊隊	12831	
第2高砂游擊隊	12832	
野戰重砲兵第16聯隊	12302	駐屯嘉義/楊梅；佐久間義雄中佐
獨立野砲兵第5大隊	16405	
獨立機關銃第7大隊	1796	
獨立機關銃第8大隊	1797	
獨立機關銃第24大隊	14202	

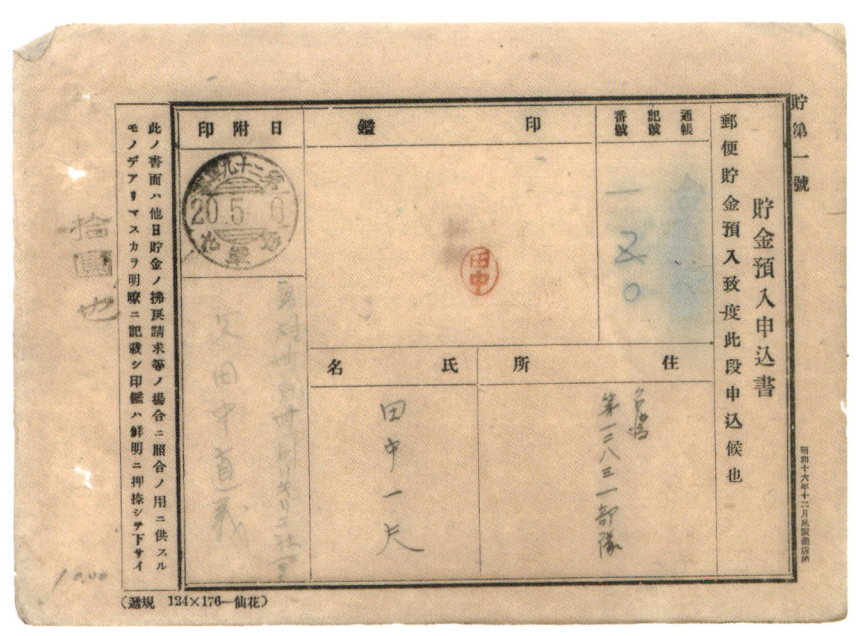

稀少的第一高砂游擊隊的匯款單,高雄州潮州郡リキリキ(Rikiriki)社(屏東縣春日鄉)。

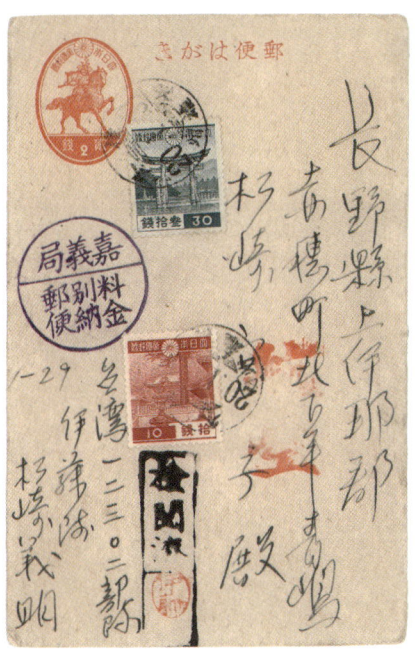

野戰重砲兵第16聯隊。

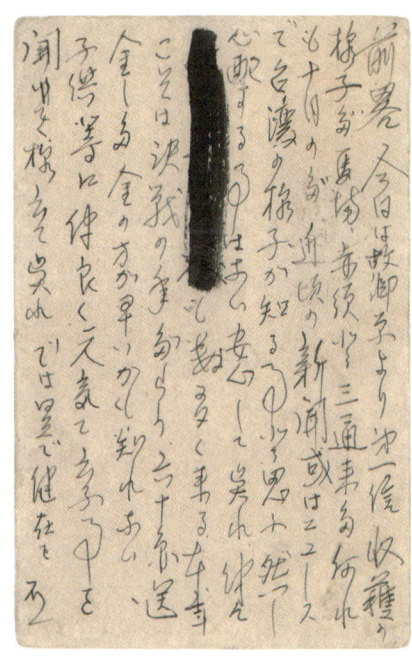

因「保密防諜」需要,明信片背面牽涉時下軍情被檢閱人員塗去文字或是被要求以〇〇取代。

第一部 15

司令部所在地｜**台北**
終戰時司令官｜**安藤利吉大將** ❷

兵團文字符：灣（台灣）

部隊名稱	通稱番號	備註
獨立速射砲第4大隊	4600	茶谷綜一少佐
獨立速射砲第16大隊	1798	
獨立速射砲第29中隊	14602	
獨立速射砲第30中隊	14603	
高射砲第161聯隊	4550/2530	平野千嘉良少佐；台北
高射砲第162聯隊	4587	安河內成美大佐
野戰高射砲第82大隊	12426	松原福一大尉
野戰高射砲第83大隊	12524	小田常元少佐
野戰機關砲第56中隊	2181	
野戰機關砲第57中隊	2182	
野戰機關砲第58中隊	12428	
野戰機關砲第59中隊	12429	
野戰機關砲第60中隊	12430	
野戰機關砲第61中隊	12431	
野戰機關砲第86中隊	12871	
野戰機關砲第87中隊	12872	
野戰機關砲第88中隊	12873	
野戰機關砲第89中隊	12874	
野戰機關砲第90中隊	12876	
野戰機關砲第91中隊	12898	
野戰機關砲第92中隊	21117	
野戰機關砲第93中隊	21118	
特設第56機關砲隊	12544	

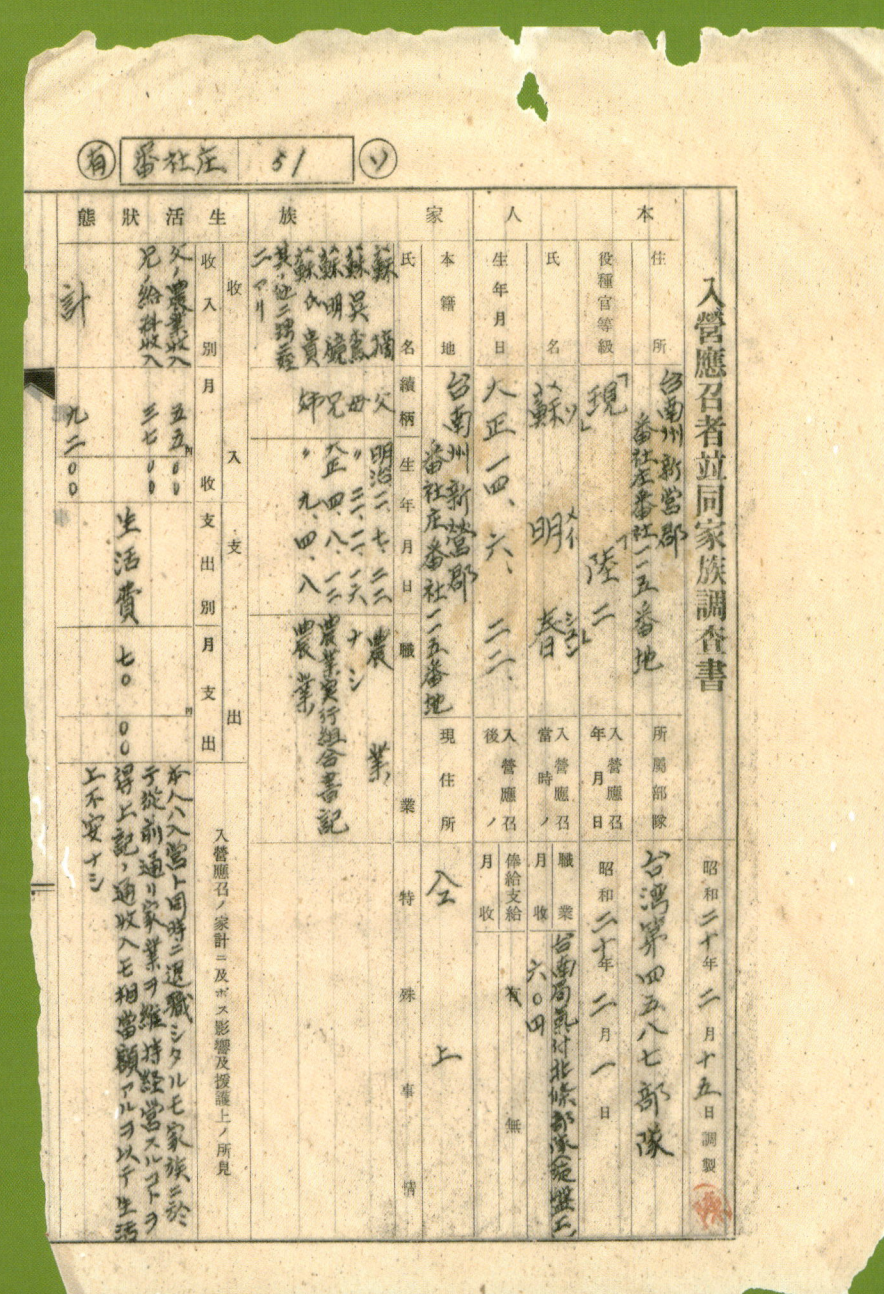

入營應召者並同家族調查書 高射砲第162聯隊。

司令部所在地｜**台北**
終戰時司令官｜**安藤利吉大將❸**

兵團文字符：灣（台灣）

部隊名稱	通稱番號	備註
戰車第25聯隊	5307	高雄、鳳山、田草埔；早坂一郎大佐
獨立工兵第42大隊	12883	淵野雅男中佐
獨立工兵第64大隊	5265	菅原平內少佐
第1野戰築城隊	5755	駐屯淡水
台灣俘虜收容所		佐澤秀雄大佐
獨立鐵道第6聯隊	路 12896	鐵道聯隊使用專用的兵團文字符
台北陸軍病院	21123	田崎貞夫大佐
基隆陸軍病院	21124	
台南陸軍病院	21125	久野 保大佐
高雄陸軍病院	21126	渡邊 稔大佐
屏東陸軍病院	21127	井上日英中佐
澎湖島陸軍病院	21128	糸滿盛次郎少佐
花蓮港陸軍病院	21129	橫山孝一中佐
台東陸軍病院	21130	原 善一中佐
台中陸軍病院	21131	山崎武雄中佐
嘉義陸軍病院		渡邊茂雄中佐
第222兵站病院	21133	
第221兵站病院	21138	
第31野戰防疫給水部		荒瀨精一中佐
第22兵站病馬廠	13827	
第50野戰勤務隊本部	12826	

第9師團

司令部所在地｜**新竹新埔**
終戰時司令官｜**田坂八十八中將**

守備範圍：以新竹州為主，與南面的71師團以新竹/台中州界（大安溪）為界，東與112旅團以大溪郡及羅東郡的郡界區隔，北至桃園郡與中壢郡郡界為止。

兵團文字符：武

新竹

部隊名稱	通稱番號	備註
第9師團司令部	1515	田坂八十八中將
步兵第7聯隊	1524	金澤編成；朝生平四郎大佐
步兵第19聯隊	1528	敦賀編成；露口 同中佐
步兵第35聯隊	1533	富山編成；三好喜平大佐
山砲兵第9聯隊	1546	新竹湖口駐屯；都村宗一大佐
工兵第9聯隊	1559	宮內五郎中佐
輜重兵第9聯隊	1564	鈴木幸一大佐
第9師團通信隊	1560	小林賢進大尉
第9師團兵器勤務棟	1568	
第9師團第1野戰病院	1582	川田一彥少佐；中壢國中、尖山國小
第9師團第2野戰病院	1586	關西坪林
第9師團第4野戰病院	1595	高丘（龍山）國小
第9師團制毒隊	1537	中島 幸大尉
第9師團防疫給水部	1519	

第一部　19

獨立混成第102旅團

花蓮港

司令部所在地｜**花蓮港娑婆礑**

終戰時司令官｜**小林忠雄少將** 花蓮編成

守備範圍：花蓮港廳與台東廳全域。

兵團文字符：八幡

部隊名稱	通稱番號	備註
獨立混成第102旅團司令部	12881	小林忠雄少將
獨立步兵第464大隊	12884	駒井忠光少佐
獨立步兵第464大隊	12885	三島武孝少佐
獨立步兵第464大隊	12886	深迫近平少佐
獨立步兵第464大隊	12887	佐久間定男大尉
旅團第1砲兵隊	12888	
旅團第2砲兵隊	12889	
旅團通信隊	12890	加藤友次郎中尉

獨立混成第103旅團

淡水

司令部所在地｜**淡水三芝**
終戰時司令官｜**田島正男少將** 高雄編成

守備範圍：主要輔助66師團防守，加強淡水附近與淡水金山間的岸防。

兵團文字符：破竹

部隊名稱	通稱番號	備註
獨立混成第103旅團司令部	21101	田島正男少將
獨立步兵第468大隊	21102	守田 武少佐
獨立步兵第469大隊	21103	和田千代少佐
獨立步兵第470大隊	21104	木元機四少佐
旅團搜索隊	21105	早川金一
旅團砲兵隊	21106	五十嵐武雄
旅團通信隊	21107	
旅團輜重隊	21108	鈴木民二
旅團兵器勤務隊	21109	

獨立混成第112旅團

宜蘭

司令部所在地｜**宜蘭礁溪**
終戰時司令官｜**青木政尚少將**

守備範圍：三貂角以南大濁水溪以北。

兵團文字符：雷神

部隊名稱	通稱番號	備註
獨立混成第112旅團司令部	21134	青木政尚少將
獨立混成第42聯隊	5307	早坂一郎大佐
獨立混成第32聯隊	12882	佐藤俊二大佐
獨立混成第33聯隊	21116	鈴木偉一郎中佐
獨立步兵第648大隊	21122	

船舶工兵

兵團文字符:曉(台灣、灣)

部隊名稱	通稱番號	備註
第7船舶輸送司令部	4500	
第4海上挺進基地本部	19722	
第7野戰船舶廠	19808	飯村竹次郎中佐
船舶工兵第28聯隊	16757	
船舶工兵第30聯隊	16759	
船舶工兵第42聯隊	12883	
海上輸送第11大隊		
海上輸送第15大隊		藤嶺正行少佐
海上挺進第21戰隊	16760	
海上挺進第22戰隊	16761	
海上挺進第23戰隊	16762	
海上挺進第24戰隊	16763	近藤三男少佐
海上挺進第25戰隊	16764	多多良武敏少佐
海上挺進基地第21大隊	5768	
海上挺進基地第22大隊	5769	
海上挺進基地第23大隊	14614	
海上挺進基地第24大隊	14615	
海上挺進基地第25大隊	10275	
特設水上勤務第138中隊	19788	基隆
機動輸送第12中隊	16736	高雄
曉船舶通信聯隊(補充隊)	2953	高雄
船舶工兵第24聯隊	16742	

第8飛行師團

台北

司令部所在地｜**台北**
終戰時司令官｜**山本健兒中將** ❶

兵團文字符：誠

部隊名稱	通稱番號	備註
第8飛行師團司令部	18901	
第8飛行師團參謀部電報班	隼魁9141	
第9飛行團司令部	9601	柳本榮喜大佐
第22飛行團	10652	藤田 隆中佐
獨立第25飛行團司令部	18966	山崎武治中佐
第16航空通信聯隊	18499	宇佐川武雄中佐
第16航空通信隊		玉井三郎少佐
第21航空通信隊		
第82對空無線隊		
第9航測隊		
第8航空特種通信隊		
獨立整備隊	19118	
第5野戰航空修理廠	19023	河村孝三郎大佐
第5野戰航空補給廠	19024	柿原 功中佐
飛行第8戰隊（輕轟）	9913	屏東；長屋義衛中佐
飛行第10戰隊（司偵）	9624	台北；新澤 勉中佐
飛行第12戰隊	9122	
飛行第13戰隊（戰鬥）	11703	屏東；丸山公一少佐
飛行第14戰隊（重轟）		朝山小二郎中佐
飛行第17戰隊（三式戰）	15351	花蓮港；高田義郎少佐

24　武裝台灣

飛行第19戰隊（三式戰）	15352	花蓮港；栗山深春大尉
飛行第20戰隊（一式戰）	18968	台中；深見和雄少佐
飛行第21戰隊（戰鬥）	11055	佐藤 熙少佐
飛行第24戰隊（戰鬥）	9602	台北；庄司孝一少佐
飛行第26戰隊（一式戰）	8399	台東；永田良平少佐
飛行第29戰隊（二式戰）	9163	台中；小野 勇大尉
飛行第50戰隊（戰鬥）	9914	台中；河本幸喜少佐
飛行第58戰隊（重轟）	9145	中嶌隆弘少佐
飛行第61戰隊（重轟）	9604	嘉義；堀川正三郎少佐
飛行第67戰隊（襲擊）		佐藤辰男少佐
飛行第105戰隊（三式戰）	19102	宜蘭；2中隊在台中；吉田長一郎少佐
飛行第108戰隊（輸送）	19103	台北；古川日出夫中佐
飛行第204戰隊（戰鬥）	11071	花蓮港；村上 浩少佐
第26獨立飛行隊		蓑毛松次中佐
獨立飛行第23中隊（戰鬥）	灣41	花蓮港；大村 信大尉
獨立飛行第24中隊	16500	台北
獨立飛行第41中隊	16683	台北
獨立飛行第42中隊	19104	台北
獨立飛行第43中隊	19108	宜蘭
獨立飛行第46中隊（對潛）	19170	
獨立飛行第47中隊	9901	台東
獨立飛行第48中隊	9911	台中
獨立飛行第49中隊	9912	台北

司令部所在地｜**台北**
終戰時司令官｜**山本健兒中將** ❷

兵團文字符：誠

部隊名稱	通稱番號	備註
第7教育飛行隊		西島道助少佐
第8教育飛行隊（戰鬥）		
第10航空教育隊		丸山茂夫中佐
第20教育飛行隊	灣42	
第21教育飛行隊	灣43	
第22教育飛行隊	灣44	
第3鍊成飛行中隊（戰鬥）	522	台中，二式複葉機訓練；杉本 明少佐
第38航空地區司令部	9916	台北；鵜飼秀熊大佐
第39航空地區司令部	18829	屏東；小川清水大佐
第42航空地區司令部	19101	田中芳雄大佐
第52航空地區司令部	19113	台中；楢木 茂中佐
第53航空地區司令部	19114	大久保幸平中佐
第112飛行場大隊	18937	台北；酒井健一少佐（53航司）
第133飛行場大隊		三張犁
第138飛行場大隊	18457	花蓮港；山本信清大尉（38航司）
第139飛行場大隊	18458	台中；金栗敏光少佐（38航司）
第156飛行場大隊	18495	嘉義；田岡偵二大尉（39航司）
第157飛行場大隊	18496	屏東；淵上正記大尉（42航司）
第158飛行場大隊	18497	龍潭（42航司）
第187飛行場大隊	19032	草屯（52航司）
第188飛行場大隊	19033	台北（53航司）

第10野戰氣象隊		肥佐多弁中佐
第3飛行場中隊	8349	花蓮港
第59飛行場中隊	18468	八塊
第60飛行場中隊	18469	台中
第64飛行場中隊	18474	
第73飛行場中隊		屏東
第7對空無線隊	誠18955	
第10野戰氣象隊	誠19565	
	灣18480	屏東
第25飛行隊	誠19125	
第115獨立整備隊	18980	
第142獨立整備隊	19014	

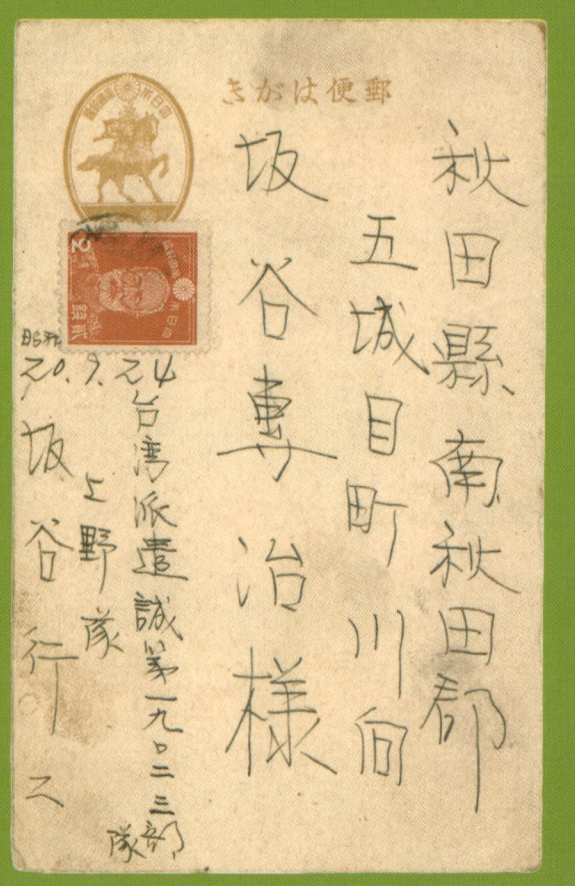
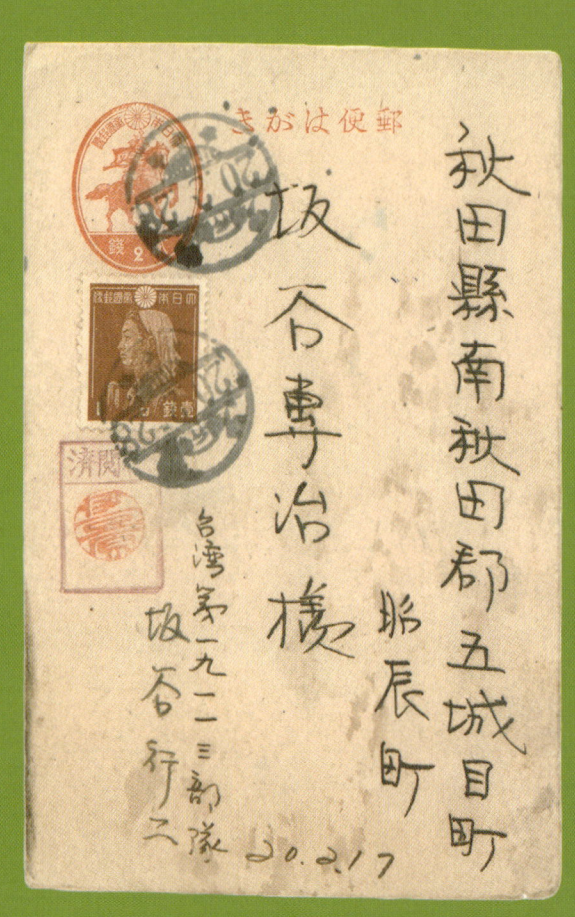

同一人物發出的明信片，可由上表與下表知道其轉勤單位。

第12師團

關廟

司令部所在地｜**台南關廟**
終戰時司令官｜**人見秀三中將**

守備範圍：台南州急水溪以南全域加上高雄州高屏溪以西之區塊。

兵團文字符：劍

部隊名稱	通稱番號	備註
第12師團司令部	8713	人見秀三中將
步兵第24聯隊	8703	福岡編成；糸日谷留吉中佐
步兵第46聯隊	8705	大村編成；山根五郎大佐
步兵第48聯隊	8707	久留米編成；田中亮吉大佐
野砲兵第24聯隊	8722/8727	新化街；小倉三男大佐
工兵第18聯隊	8745	長緒方武二少佐
第12師團通信隊	8748	猪原豐志大尉
輜重兵第18聯隊	8751	宮川鶴松大佐
第12師團兵器勤務隊	8754	石橋九二七少佐
第12師團第1野戰病院	8768	安藝堅二大尉
第12師團第2野戰病院	21114	二瓶俊雄大尉
第12師團制毒隊	8714	石川幾平大尉
第12師團病馬廠	8789	吉川 清少佐
第12師團防疫給水部	1204	高橋三郎少佐
第12師團衛生隊	21115	吉田成美中佐

認識票（兵籍名牌；Dog Tag）第12師團第2野戰病院。

第50師團

潮州

司令部所在地｜**屏東萬巒**
終戰時司令官｜**石本貞直中將**

守備範圍：高雄州高屏溪以東，南至恆春半島全域，東以高雄州/台東廳的州廳界為止。

兵團文字符：蓬

部隊名稱	通稱番號	備註
第50師團	19710	石本貞直中將
步兵第301聯隊	19701	台北；奧中義男大佐
步兵第302聯隊	19702	枋寮(萬巒小學校)永野千秋大佐
步兵第303聯隊	19703	鳳山；園田良夫大佐
搜索第50聯隊	19704	台中/潮州；益子熊次郎少佐
山砲兵第50聯隊	19705	田中次郎大佐
工兵第50聯隊	19706	東港；宮本正三少佐
第50師團通信隊	19707	猿田茂夫少佐
輜重兵第50聯隊	19708	鳳山；神田久吉少佐
第50師團兵器勤務隊	19709	田中精一
第50師團衛生隊	19711	
第50師團第1野戰病院	19712	竹田小學校；池上一郎少佐
第50師團第4野戰病院	19713	內埔；伊藤新右衛門大尉
學徒特設警備隊地537大隊	19700	臨時編成

第66師團

司令部所在地｜**台北山腳**
終戰時司令官｜**中島吉三郎中將** 台灣編成

守備範圍：以台北市為中心，部隊偏重於海岸線防守。下轄台北地區隊、樹林口地區隊、南崁地區隊、鶯歌地區隊。

兵團文字符：敢

部隊名稱	通稱番號	備註
第66師團司令部	1785	中島吉三郎中將
步兵第249聯隊	1769/7167	高木 環大佐
步兵第304聯隊	1786	柳澤啟造大佐
步兵第305聯隊	1787	樹林口；兒玉勘一大佐
第66師團迫擊砲隊	1788	八坂留吉少佐
第66師團工兵隊	1789	信濃泰正大尉
第66師團通信隊	1792	藤岡孫市大尉
第66師團輜重隊	1793	宮島福治大尉
第66師團速射砲隊	10170	牛島正明少佐
第66師團兵器勤務隊	12466/12401	是永 浩中佐
第66師團衛生隊	21115/10273	
第66師團第1野戰病院	10274	小西 敬少佐
第66師團第2野戰病院	21112	
第66師團病馬廠	21113	
第66師團制毒隊	12399	

台北

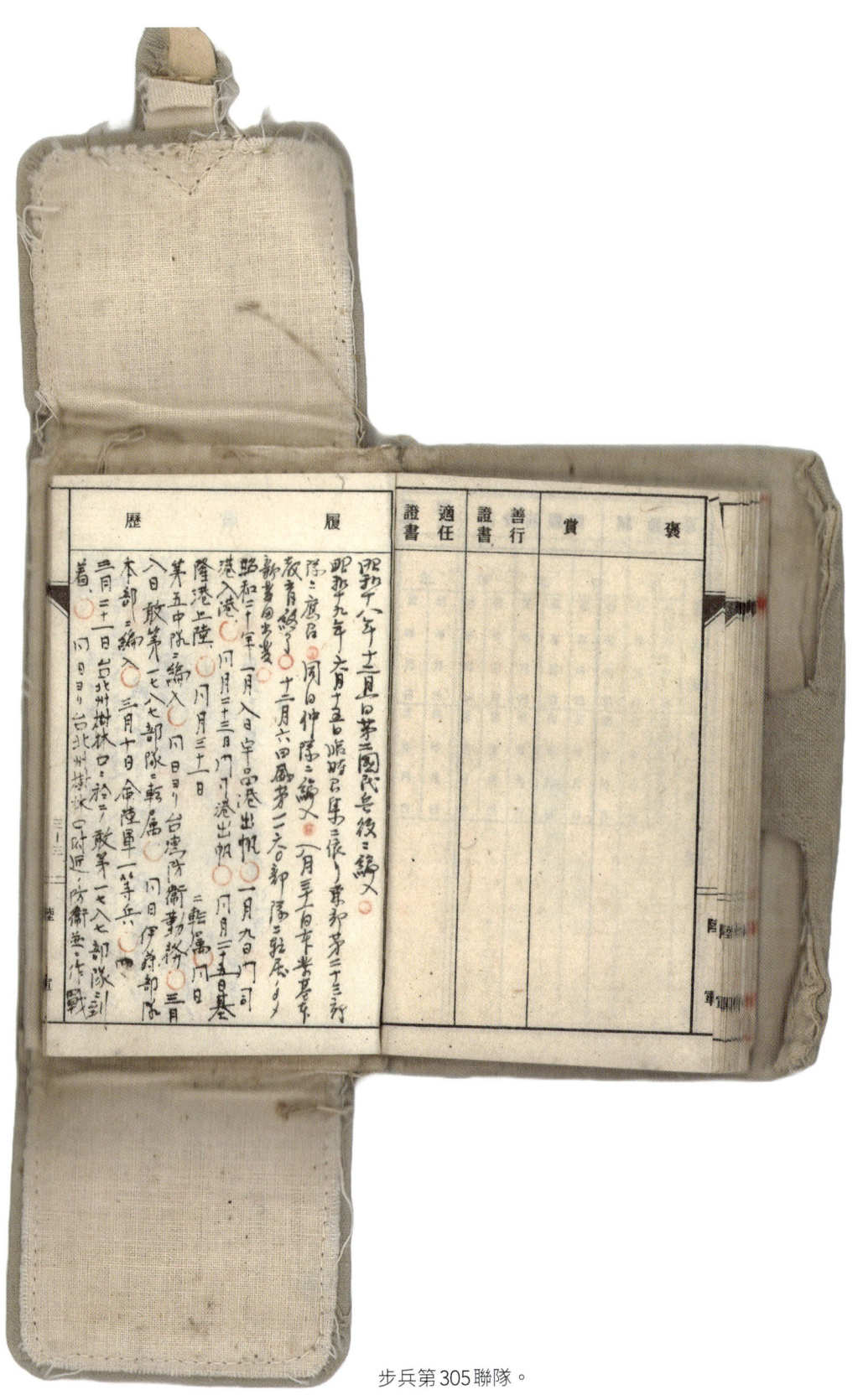

步兵第305聯隊。

第71師團

司令部所在地｜斗六

終戰時司令官｜**遠山登中將；加藤章中將代理** 旭川編成移防滿州，昭和20年1月來台。

守備範圍：台中州全域和台南州東石郡、新營郡以北之區域。

兵團文字符：命

斗六

部隊名稱	通稱番號	備註
第71師團司令部	13250/4321	司令部在斗六吳克明宅邸
步兵第87聯隊	13285/4302	旭川；中村敏雄大佐
步兵第88聯隊	13272/4303	旭川；松浦龍一大佐
步兵第140聯隊	13299	旭川；竹內主計中佐
山砲兵第71聯隊	13282	嘉義；石山虎夫大佐
工兵第71聯隊	13273/4325	佐藤 久少佐
輜重兵第71聯隊	13293/4393	斗六溝子壩/大林；關 廣太中佐
第71師團通信隊	13271	保科年夫大尉
第71師團制毒隊	13291	石田林之助大尉
第71師團兵器勤務隊	13294	野口 求大尉
第71師團第一野戰病院	13295	
第71師團病馬廠	13298	小田重夫大尉
第71師團防疫給水部	13296/4396	坂倉廣海少佐
第71師團經理部	13253	

昭和二十年六月廿九日

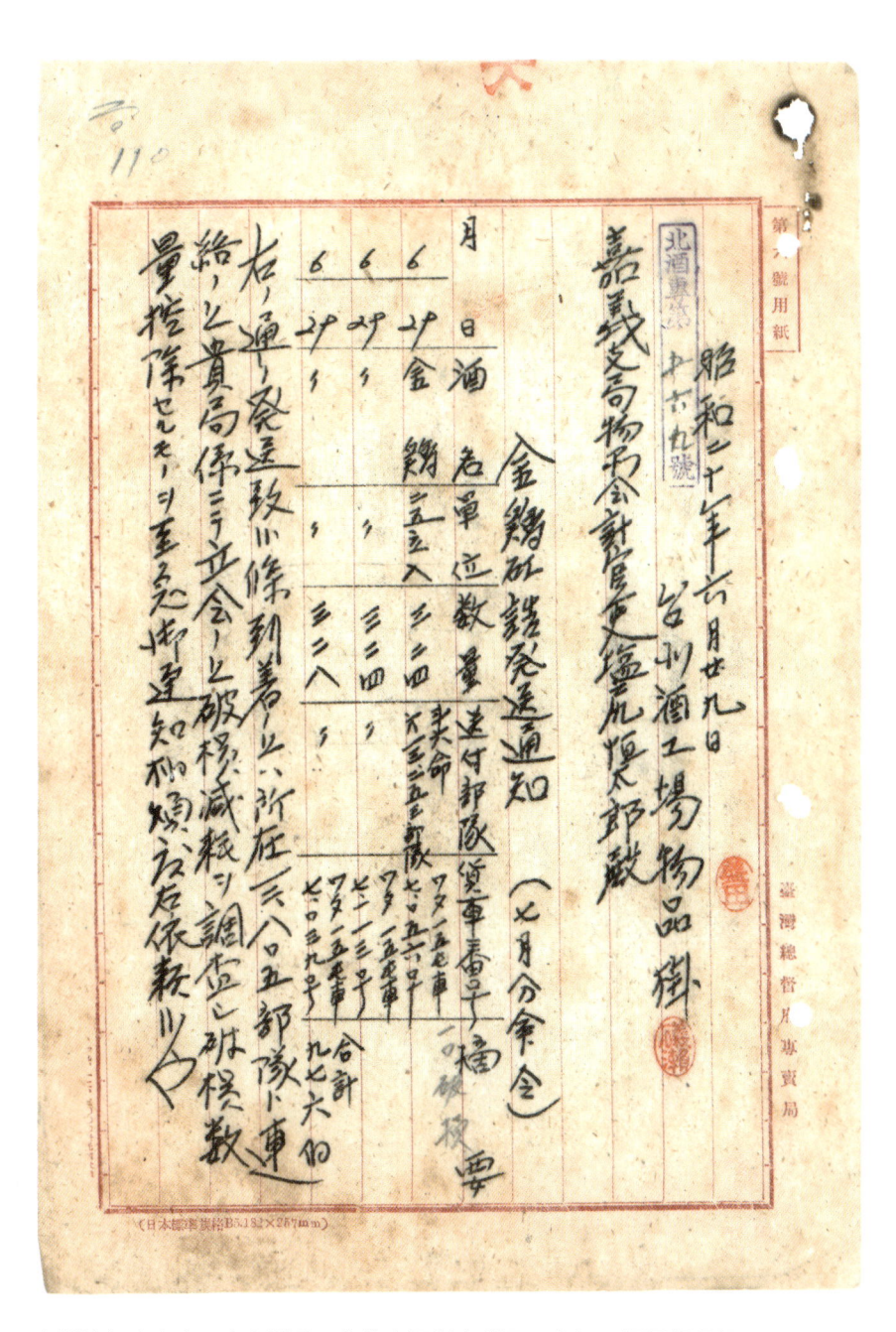

嘉義支局物品会計官吏塩見虎太郎殿

台北酒工場物品掛

金鷄研醸發送通知（七月分兼含）

月日	酒名	単位	数量
6 ,,	,,	,,	送付部隊 貨車番号 摘要
6 ,,	金鷄	鑵	五五八 三二四 大宮支部隊 ワタ-四四車 一両破損要
6 ,,	,,	,,	三二八

右ノ通リ發送致シ候ニ付着ノ上六所在三八〇五部隊ト立会ノ上破損減耗ヲ調査シ破損數量拾餘セシモノニ至迄御通知相煩シ右依頼ニ及ビ度シ

台灣總督府專賣局由台灣陸軍貨物廠運送金雞酒至斗六71師團經理部。

獨立混成第75旅團

新竹、澎湖

司令部所在地｜**竹南珊珠湖**

終戰時司令官｜**奧 信夫少將** 丸龜編成

守備範圍：來台後主要從事澎湖諸島防禦。

兵團文字符：興

部隊名稱	通稱番號	備註
獨立混成第75旅團司令部	12851	奧 信夫少將
獨立步兵第560大隊	12852	高橋義光少佐
獨立步兵第561大隊	12853	谷 道博大尉
獨立步兵第562大隊	12854	吉田源內大尉
獨立步兵第563大隊	12855	佐藤千松大尉
獨立步兵第564大隊	12856	菅野利三郎大尉
旅團工兵隊	12857	鵜飼源吉大佐
重砲兵第12聯隊	12858	久村利吉

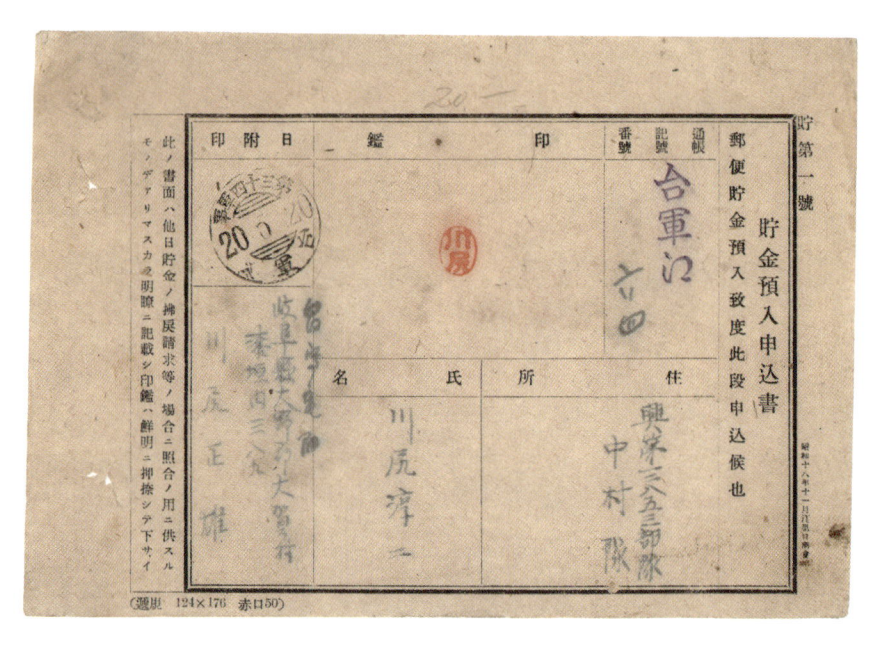

獨立步兵第561大隊。

獨立混成第76旅團

基隆

司令部所在地｜**基隆大沙灣**
終戰時司令官｜**小川泰三郎少將** 廣島編成

守備範圍：以基隆港防衛為主，主力在基隆市區採取「環形防衛」，東至三貂角與112旅團接壤，西至金山街與103旅團為界。

兵團文字符：律

部隊名稱	通稱番號	備註
獨立混成第76旅團司令部	12861	小川泰三郎少將
獨立步兵第565大隊	12862	春見保則少佐
獨立步兵第566大隊	12863	大浦治一少佐
獨立步兵第567大隊	21119	蘆谷良一少佐
旅團工兵隊	12865	半田雄次郎
重砲兵第13聯隊	12864	基隆；木下 滋大佐

獨立混成第100旅團

高雄

司令部所在地｜**高雄壽山**
終戰時司令官｜**村田定雄少將**

守備範圍：以高雄要塞防衛為主，必要時支援12師團與50師團的作戰。

兵團文字符：磐石

部隊名稱	通稱番號	備註
獨立混成第100旅團司令部	21111	村田定雄少將
獨立混成第30聯隊	12870	於保佐吉大佐
警備第51大隊	10287	久我豐三
重砲兵第16聯隊	灣4522	竹本 節大佐

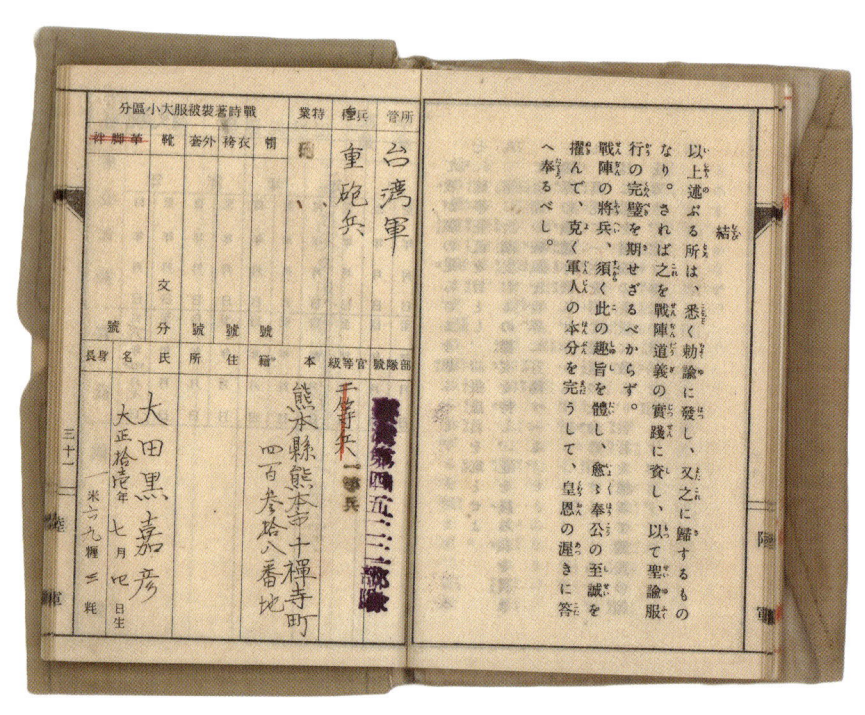

獨立步兵第561大隊。

獨立混成第61旅團

台北

司令部所在地｜**台北**
終戰時司令官｜**田島彥太郎少將** 京都編成，菲律賓巴布延諸島駐防。

兵團文字符：鎧

部隊名稱	通稱番號	備註
獨立步兵第302大隊	10291	酒瀨川真澄大尉
獨立步兵第405大隊		中林清信少佐
獨立步兵第406大隊		神保袈裟雄少佐
獨立步兵第407大隊		田中光次少佐
獨立步兵第408大隊		西川與三治少佐
獨立步兵第409大隊		岡井胤吉大尉
獨立混成第61旅團砲兵隊		吉澤 弘少佐
獨立混成第61旅團工兵隊		
獨立混成第61旅團通信隊		

台灣中部以北各陸海軍機場要圖 美軍戰鬥配置圖。

終戰後的松山飛行場 原本紅色的日之丸已經改為綠十字的標記。

参考書目

鈴木仁（1992）・『北回帰線標の追憶―元第8飛行師団嘉義第156飛行場大隊』・日の出印刷・

半藤一利（1981）・『太平洋戦争・日本陸軍戦記』（文藝春秋 臨時増刊）・株式会社文藝春秋・

台湾馬公会（1997）・『馬公会誌 賀寿満留 No.18』・社会福祉法人コロニー印刷・

台湾馬公会（1998）・『馬公会誌 賀寿満留 No.19』・社会福祉法人コロニー印刷・

飯塚重俊（2006）・『雲雨蓬莱ニ空シク断腸―少年が兵士になる日』・汎和産業株式会社・

（無記名）・『日軍台澎地面防衛作戦之研究』・

裏田稔、大内那翁逸 共著（2016）・『日中戦争・太平洋戦争期における実例による軍事郵便解析の手引き』・浅野周夫出版・

第02部

米機襲來 II

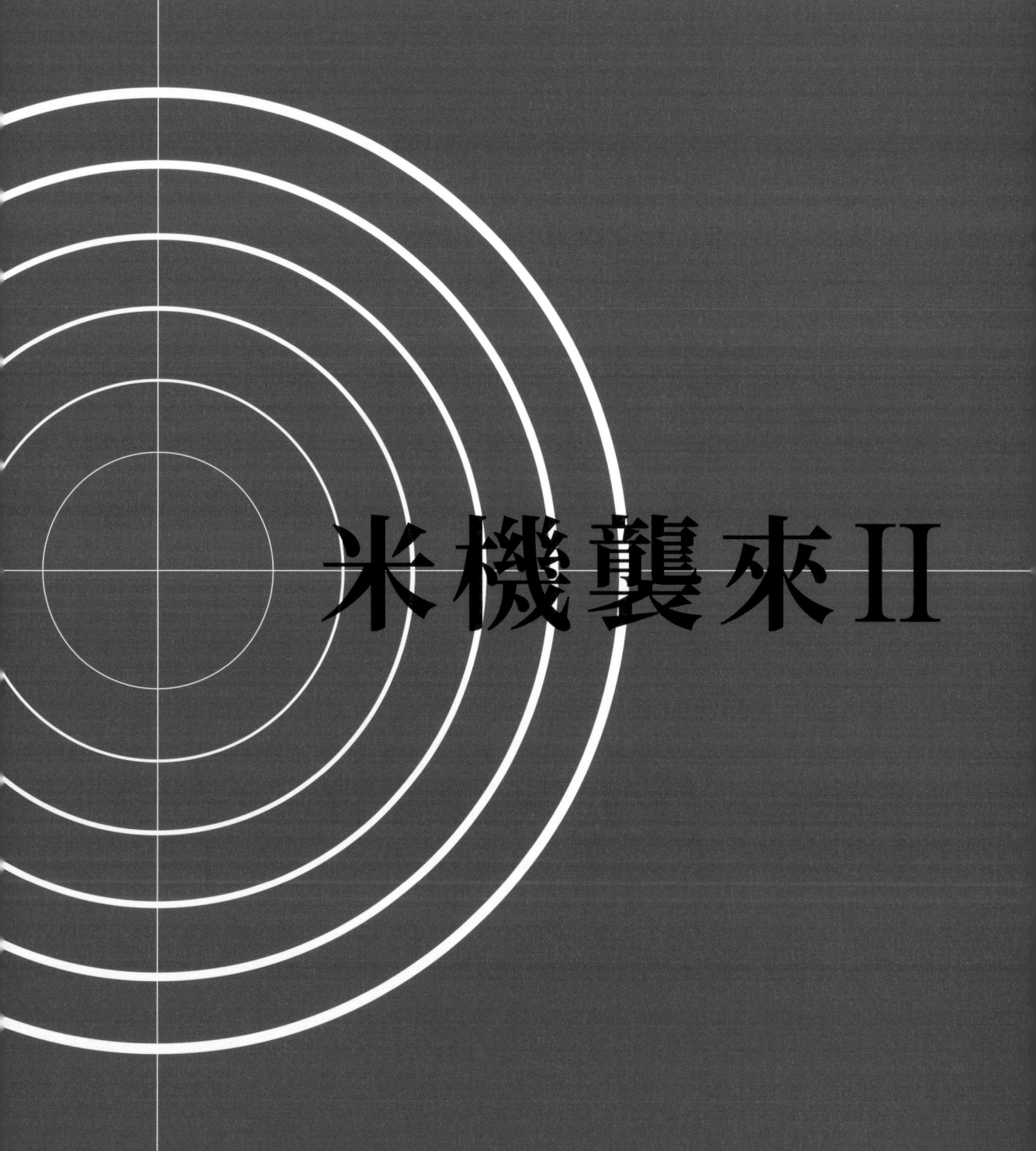

以下圖錄分為：台北州、新竹州、台中州、台南州、高雄州、花東澎廳（花蓮港、台東、澎湖廳）以及「未確認地點」構成。

台北州

臺北州

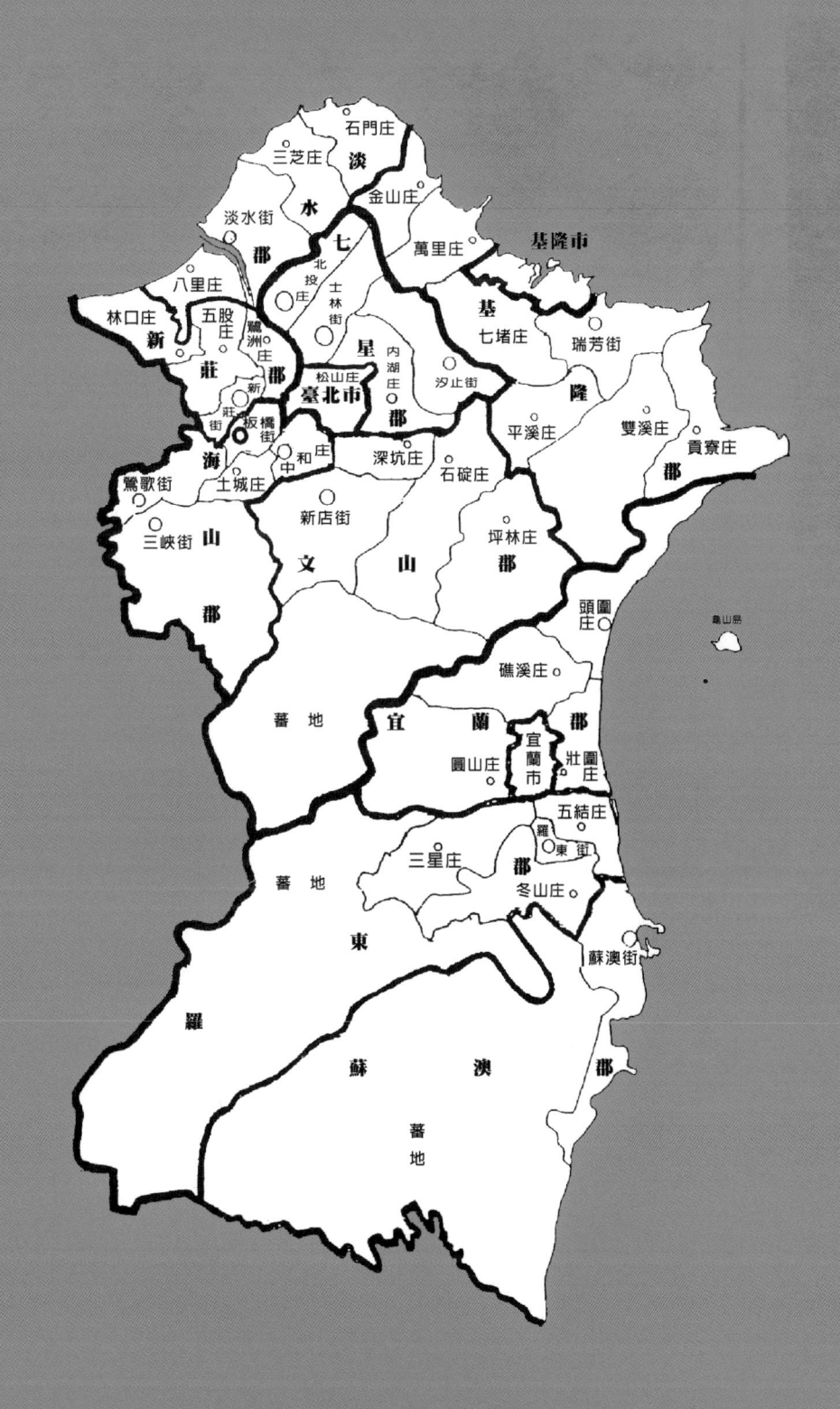

郡市	街庄
臺北市	
基隆市	
七星郡	北投庄・士林街・內湖庄・松山庄
淡水郡	淡水街・三芝庄・石門庄・八里庄
基隆郡	金山庄・萬里庄・七堵庄・瑞芳街・貢寮庄・雙溪庄・平溪庄
新莊郡	新莊街・鷺洲庄・五股庄・林口庄
海山郡	板橋街・鶯歌街・三峽街・土城庄・中和庄
文山郡	新店街・深坑庄・石碇庄・坪林庄
宜蘭郡	宜蘭市・頭圍庄・礁溪庄・員山庄・壯圍庄・蕃地
羅東郡	羅東街・五結庄・三星庄・冬山庄・蕃地
蘇澳郡	蘇澳街・蕃地

龜山島

松山（MATSUYMA FORMOSA），1945年8月9日。

1. 東新庄子埤
2. 後山埤
3. 縱貫鐵道
4. 基隆河
5. 南港路
6. 八德路
7. 鐵道工場
8. 松山菸廠
9. 陸軍倉庫
10. 射擊場
11. 基隆路

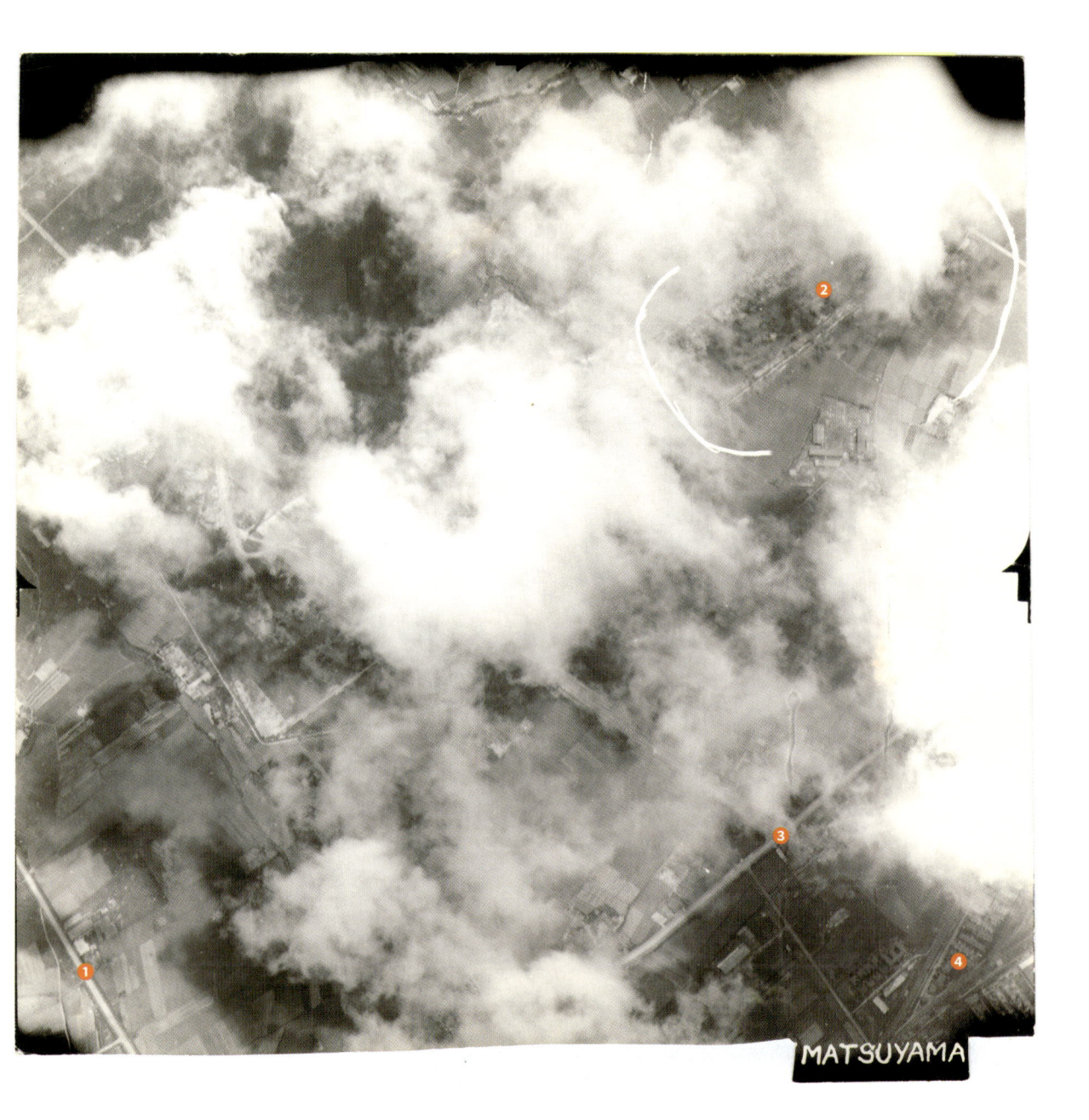

松山（MATSUYMA FORMOSA）

❶ 光復北路
❷ 西松國小
❸ 八德路
❹ 鐵道工場

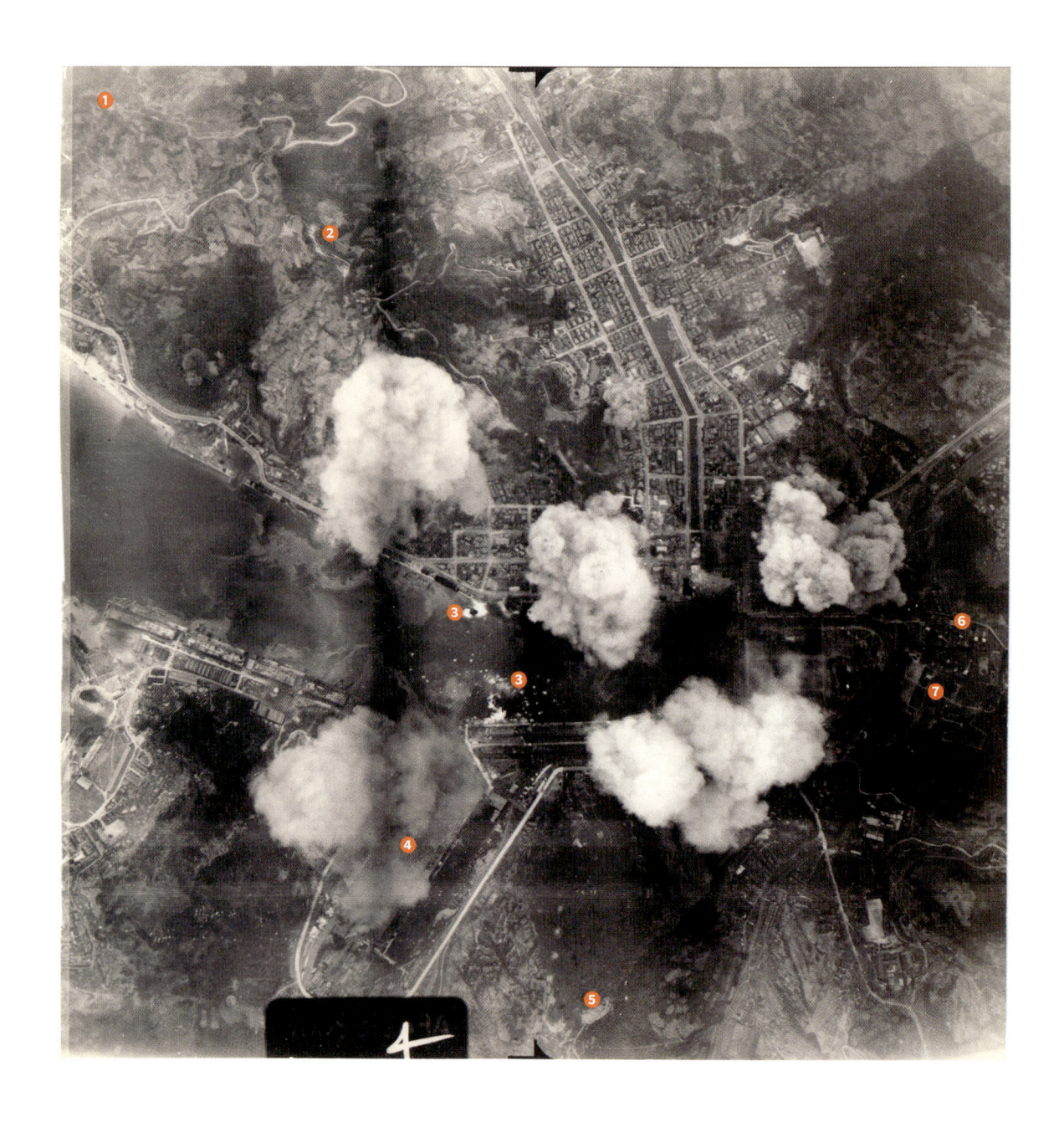

基隆，1945年5月19日。

❶ 綠丘高角砲臺
❷ 無線山高射砲陣地
❸ 被爆船隻
❹ 牛稠港
❺ 牛稠港高射砲陣地
❻ 基隆陸軍病院
❼ 基隆要塞重砲兵聯隊

基隆

❶ 基隆神社參道
❷ 旭川
❸ 高砂公園
❹ 基隆要塞重砲兵聯隊
❺ 基隆陸軍病院
❻ 鐵道
❼ 南榮路
❽ 田寮河

50　米機襲来 II

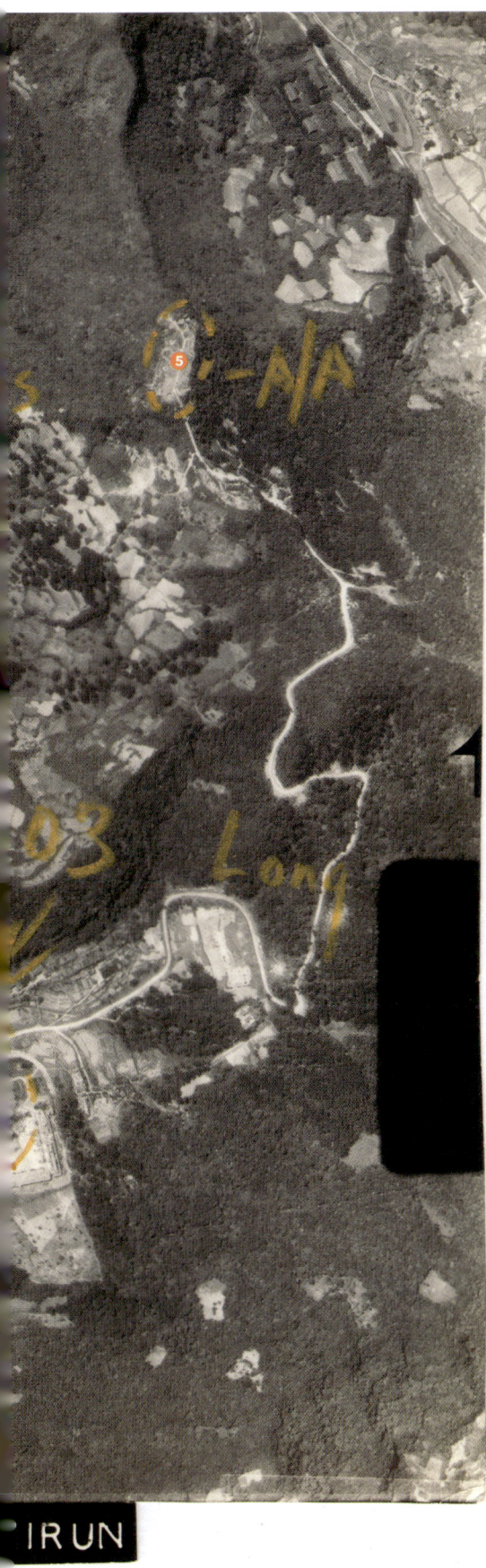

基隆

① 西岸碼頭
② 中山路
③ 煤炭
④ 偽裝的油庫
⑤ 牛稠港高射砲陣地

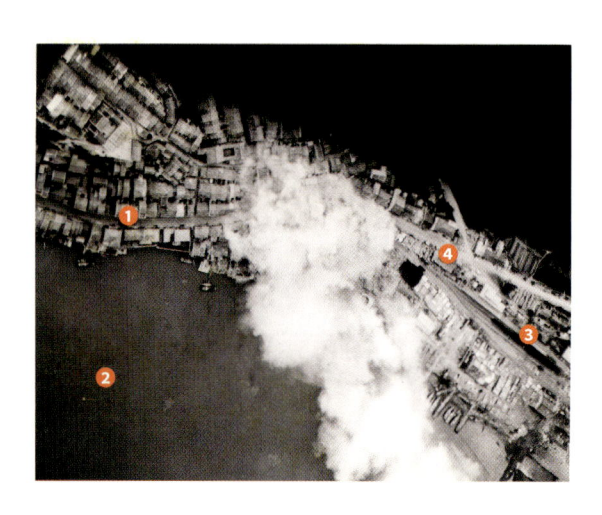

淡水

① 淡水老街
② 淡水河
③ 列車
④ 淡水驛

宜蘭（5-31-45 Giran Formosa） ❶ 東港福德宮　❸ 黎明國小壯二公學校　❺ 宜蘭驛
❷ 校舍路　❹ 東港路台7線

宜蘭酒廠

台北州

新 竹 州

新竹州管內圖

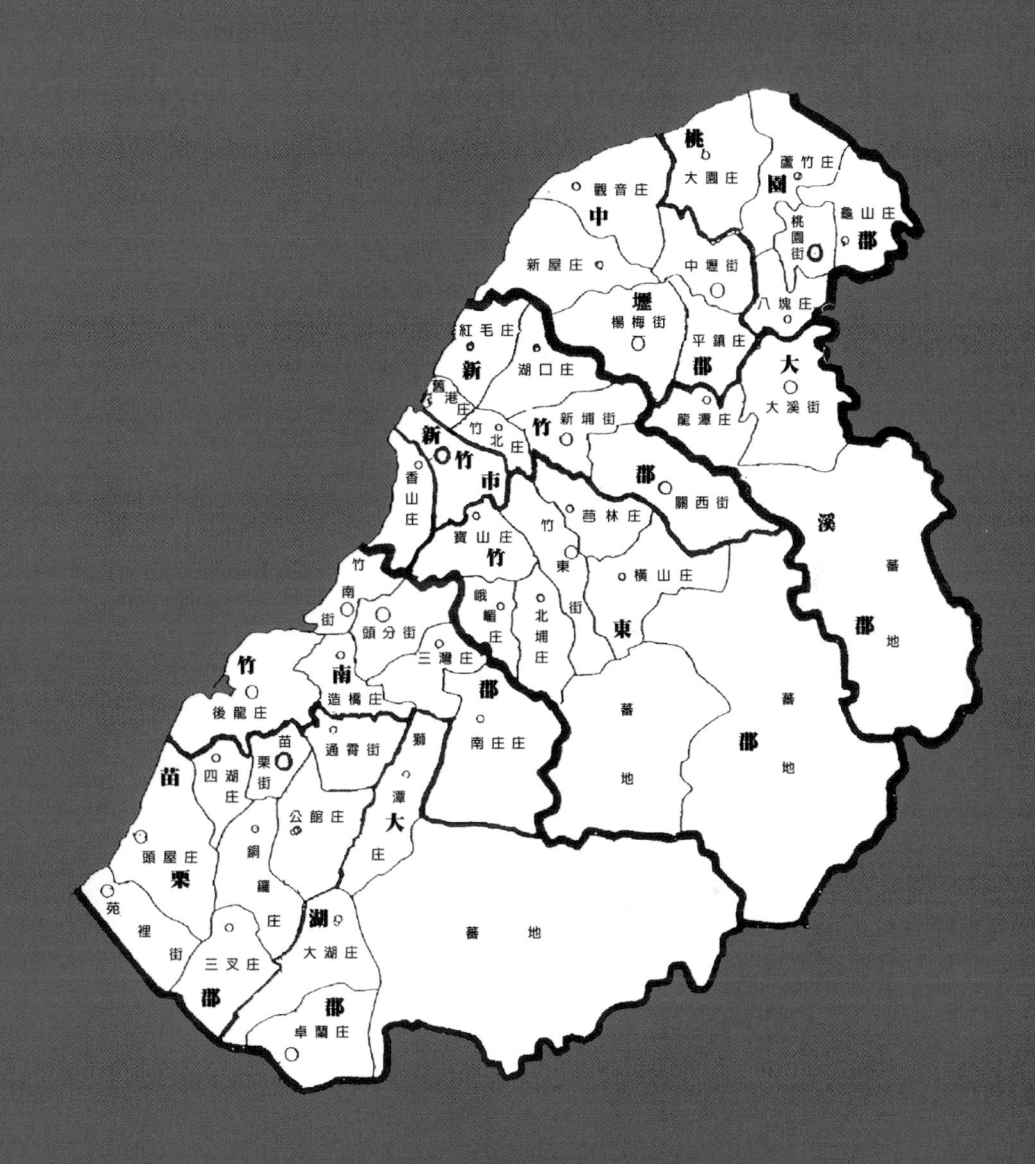

桃園郡
- 蘆竹庄
- 大園庄
- 桃園街
- 龜山庄
- 觀音庄
- 中壢街
- 八塊庄
- 新屋庄
- 楊梅街
- 平鎮庄

大溪郡
- 大溪街
- 龍潭庄

新竹郡
- 紅毛庄
- 湖口庄
- 舊港庄
- 竹北庄
- 新埔街
- 關西街

新竹市
- 香山庄

竹東郡
- 芎林庄
- 橫山庄
- 竹東街
- 北埔庄
- 峨眉庄
- 寶山庄

竹南郡
- 竹南街
- 頭分街
- 三灣庄
- 南庄
- 造橋庄
- 後龍庄

苗栗郡
- 四湖庄
- 苗栗街
- 通霄街
- 獅潭庄
- 公館庄
- 銅鑼庄
- 苑裡街
- 頭屋庄

大湖郡
- 大湖庄
- 三叉庄
- 卓蘭庄

蕃地

鶯歌石飛行場（八塊飛行場）（OKASEKI AIRFIELD）

❶ 中壢
❷ 八塊飛行場
❸ 桃園

新竹赤土崎第六海軍燃料廠

1. 新竹燃料廠輕質油槽
2. 新竹燃料廠廳舍
3. 新竹燃料廠變電所
4. 新竹燃料廠原料倉庫
5. 新竹燃料廠修理工場
6. 東勢高角砲臺
7. 北新竹
8. 新竹公園
9. 枕頭山腳
10. 新竹中學校
11. 十八尖山倉庫
12. 新竹商業學校
13. 十八尖山艦隊指揮所
14. 水源地

新竹州

58　米機襲來Ⅱ

新竹，1945年5月15日。

① 公園路
② 北新竹
③ 中華路
④ 鐵道路一段
⑤ 新竹製糖所/巨城購物中心
⑥ 民權路
⑦ 民族路
⑧ 新竹女中
⑨ 光復路

竹南驛（WST CST FORMOSA）

❶ 竹南驛
❷ 縱貫鐵道
❸ 避彈棚

60　米機襲來 II

WST.CST.FORMOSA

① 新竹州

竹南驛（CHIKUNAN FORMOSA），1945年5月26日。

❶ 貨列車
❷ 避彈棚
❸ 彈坑
❹ 南平路
❺ 灰寮溪
❻ 東平路
❼ 縱貫鐵道
❽ 大厝

舊港泊地燈標（WST CST FORMOSA）

舊港泊地燈標（WST CST FORMOSA）

❶ 苗8線
❷ 大山腳路
❸ 外埔漁港
❹ 苗126線
❺ 溪洲國小
❻ 仁德醫護專校
❼ 後龍驛

新竹州 63

紅毛飛行場（KOKO AIRFIELD）右上方為「假飛行場」。

新竹飛行場（SHINCHIKU AIRFIELD）

❶ 頭前溪
❷ 反戰車壕
❸ 十塊寮
❹ 反戰車壕
❺ 油車港
❻ 新竹神社
❼ 十八尖山

新竹（SHINCHIKU FORMOSA），1945年8月10日。　　❶ 鳳山溪　❷ 頭前溪　❸ 新竹市區

崎頂子母隧道（WST CST FORMOSA）接近圖中央隧道口的彈著至今仍在。

WST.CST.FORMOSA

台中州

臺中州

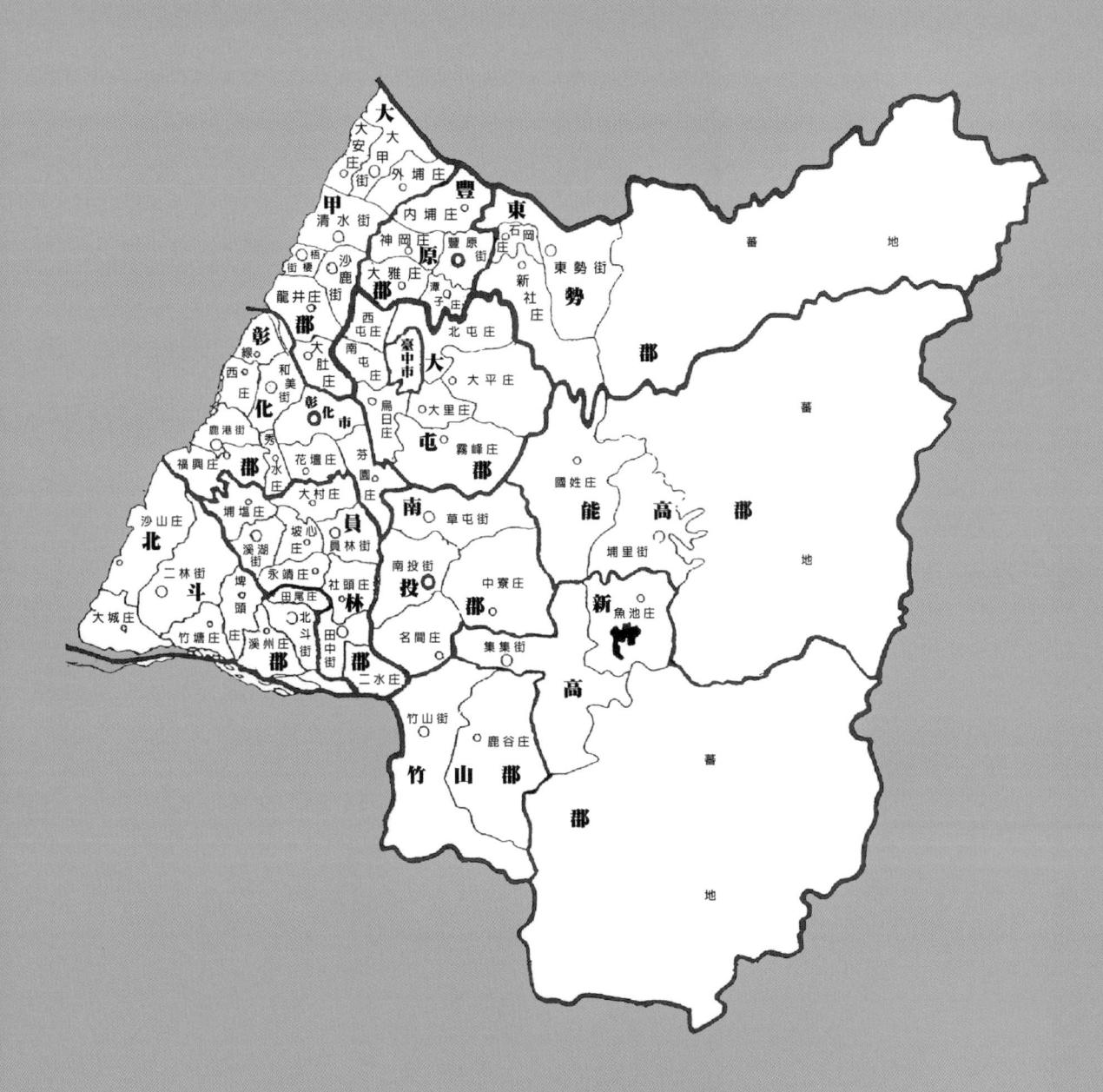

郡市	街庄
臺中市	
大甲郡	清水街、梧棲街、大甲街、沙鹿庄、龍井庄、大安庄、外埔庄、內埔庄
豐原郡	豐原街、神岡庄、大雅庄、內埔庄、潭子庄
東勢郡	東勢街、石岡庄、新社庄
大屯郡	西屯庄、南屯庄、北屯庄、烏日庄、大里庄、霧峰庄、大平庄
彰化郡	彰化市、鹿港街、和美庄、線西庄、福興庄、秀水庄、花壇庄、芬園庄
員林郡	員林街、溪湖街、田中街、北斗街、大村庄、埔鹽庄、坡心庄、永靖庄、社頭庄、田尾庄
北斗郡	北斗街、二林街、竹塘庄、沙山庄、大城庄、溪州庄、二水庄
南投郡	南投街、草屯街、中寮庄、名間庄
新高郡	集集街、魚池庄
能高郡	埔里街、國姓庄
竹山郡	竹山街、鹿谷庄

番地

豐原飛行場（TOYOHARA A/D）
地面上可以看到有數架已損毀之飛機，1945年3月2日。

❶ 彩雲艦上偵察機
❷ A5M4-K 二式練習戰鬥機

3-2 1114I 7"MIN. TOYOHARA A/D·165

豊原飛行場（TOYOHARA A/D）

豊原飛行場（TOYOHARA A/D）

豐原飛行場（TOYOHARA A/D），1945年3月2日。

豐原（TOYOHARA）

豐原（TOYOHARA）某四合院。

豐原（TOYOHARA）

豐原（TOYOHARA）

豐原（TOYOHARA）

豐原（TOYOHARA）

❶ 觀音山
❷ 東北街與三豐路一段86巷之間

.TOYOHARA

豐原（TOYOHARA）

豐原（TOYOHARA）

豐原（TOYOHARA） ❶ 葫蘆墩圳 ❷ 三豐路

豐原（TOYOHARA）某學校或兵營。

豐原（TOYOHARA）

① 豐里橋
② 豐原大道八段

豐原（TOYOHARA）

豐原（TOYOHARA）

豐原國小（TOYOHARA）

TOYOHARA

台中州 83

豐原（TOYOHARA）

TOYOHARA

台中州 85

豐原神社（TOYOHARA）

① 參道
② 社務所
③ 入口鳥居
④ 第二鳥居

86　米機襲來 II

:TOYOHARA

台中 (TAICHU)

台中州

台中（TAICHU）

榮橋上方的道路為民族路，新盛橋上的道路為中山路。青果同業組合聯合會為現在的金國飯店，台灣青果株式會社變成青果合作大樓。千代之家與集賢館分別成為寶島53行館與集賢旅館。張外科的最早前身是「勸業銀行台中支店」，之後成為「台灣運輸株式會社台中支店」，出名的「甘露水」雕像戰後即由張醫師所收藏。

❶ 中央館
❷ 新盛橋
❸ 宮原眼科
❹ 千代之家
❺ 集賢館
❻ 第一代機關庫
❼ 張外科
❽ 台中驛
❾ 天外天劇場
❿ 20號倉庫
⓫ 第一代車站事務所
⓬ 台灣青果株式會社
⓭ 榮橋
⓮ 青果同業組合聯合會
⓯ 柳川

台中（TAICHU）

1. 第一月台
2. 第二月台
3. 復興路四段
4. 台中製糖所
5. 大勇街
6. 天外天劇場
7. 立德街
8. 中南驛
9. 前後驛及一、二月台聯絡橋

台中州　91

台中（TAICHU）

TAICHU

台中州 93

彰化（SHOKA）

SHOKA

彰化（SHOKA）

右側的大水池彰化當地人稱為「大池」，現為彰化國稅局與停車場。

❶ 民生南路
❷ 旭光西路
❸ 橫向為台1線

彰化（SHOKA）

西門街即今天的中華路，
懷忠祠魚池現為民權市場。

❶ 西門街

❷ 永樂街

❸ 威惠宮

❹ 南門市場

❺ 懷忠祠魚池

❻ 懷忠祠

❼ 民權路

彰化（SHOKA）

SHOKA

台中州 99

彰化（SHOKA）

❶ 南門市場
❷ 永樂街

SHOKA

台中州 101

彰化後驛（SHOKA R. R.） ❶ 圖標上方為前後驛聯絡橋。

彰化（SHOKA）道路為彰美路。

彰化寶廓，1945年4月22日。

① 烏溪　② 寶廓
③ 被擊傷的美國軍機，最後墜毀於現今寶廓的全國加油站金馬站一帶。
④ 大竹排水寶廓段

台 南 州

郡/市	街/庄
虎尾郡	海口庄、崙背庄、二崙庄、西螺街、虎尾街、土庫街
北港郡	四湖庄、口湖庄、元長庄、北港街、水林庄
斗六郡	刺桐庄、林內庄、斗六街、古坑庄、斗南街、大埤庄
嘉義郡	溪口庄、大林街、小梅庄、竹崎庄、新巷庄、民雄庄、番路庄、中埔庄、大埔庄、蕃地
東石郡	六腳庄、東石庄、朴子街、太保庄、鹿草庄、布袋庄、義竹庄
新營郡	後壁庄、白河街、鹽水街、新營、番社庄、柳營庄、六甲庄、楠西庄
北門郡	學甲庄、下營庄、將軍庄、佳里街、西港庄、七股庄
曾文郡	麻豆街、官田庄、大內庄
新化郡	新化街、新市庄、安定庄、善化街、山上庄、玉井庄、左鎮庄、南化庄
新豐郡	安順庄、永康庄、仁德庄、歸仁庄、關廟庄、龍崎庄
臺南市	
嘉義市	

❶ 嘉南大圳 八掌溪 渡槽橋　❷ 縱貫鐵道　❸ 縱貫道路

水上（南靖）製糖所

水上（南靖）製糖所

水上（南靖）製糖所，1945年4月24日。

北港（HOKKO）

北港（HOKKO）

車路墘製糖所（S.W. of SHINEI） ❶ 文華路二段 ❷ 縱貫鐵道 ❸ 文賢路一段

北門（WST CST FORMOSA）
有「北王南侯」之稱的侯雨利故居在二重港隱約可見。

❶ 棧寮 ❷ 台17線 ❸ 北門區二重港
❹ 學甲 ❺ 將軍溪

110 米機襲來 II

北門（WST CST FORMOSA） ❶ 台17線 ❷ 將軍溪 ❸ 溪乾寮 ❹ 南21線

北門（WST CST FORMOSA）

民雄（TAMIO TOWN） ❶ 民雄放送所天線 ❷ 好收排水

TAMIO TOWN 563

民雄（TAMIO TOWN） ❶ 民雄放送所天線 ❷ 大尖山

TAMIO TOWN 355

台拓化學工業株式會社嘉義化學工場（KAGI）　❶道將圳

台拓化學工業株式會社嘉義化學工場（KAGI）

三崁店製糖所（SUGAR PLANT AT EIKO）

三崁店製糖所（SUGAR PLANT AT EIKO）

❶ 鹽水溪
❷ 仁愛街
❸ 三民街
❹ 三崁店神社所在處

台南州

岸內製糖所　製糖所左後遠方煙囪處為台灣製紙新營工場。

岸內製糖所（ENSUI AREA FORMOSA），1945年4月4日。

岸內製糖所（ENSUI AREA FORMOSA），1945年4月4日。

台南州

南靖製糖所 下方為南靖國小。

鹽水飛行場，1944年10月12日。

國聖（曾文）燈塔（TSAN BUN）

台南州 121

曾文郡（TSAN BUN）

TSAN-BUN

高 雄 州

高雄州

郡市	街庄
旗山郡	甲仙庄、六龜庄、杉林庄、內門庄、美濃街、旗山街
岡山郡	湖內庄、竹路庄、阿蓮庄、田寮庄、彌陀庄、岡山街、橋頭庄、燕巢庄
鳳山郡	仁武庄、大樹庄、鳥松庄、鳳山街、小港庄、大寮庄、林園庄
屏東郡	里港庄、高樹庄、鹽埔庄、九塊庄、長興庄、屏東市、內埔庄
潮州郡	竹田庄、萬巒庄、潮州街、新埤庄
東港郡	萬丹庄、新園庄、東港街、林邊庄、佳冬庄、琉球庄
恆春郡	枋山庄、枋寮庄、車城庄、恆春街、滿州庄

（番地）

新埤打鐵村天后宮

① 內埤
② 187乙
③ 打鐵寮

高雄州

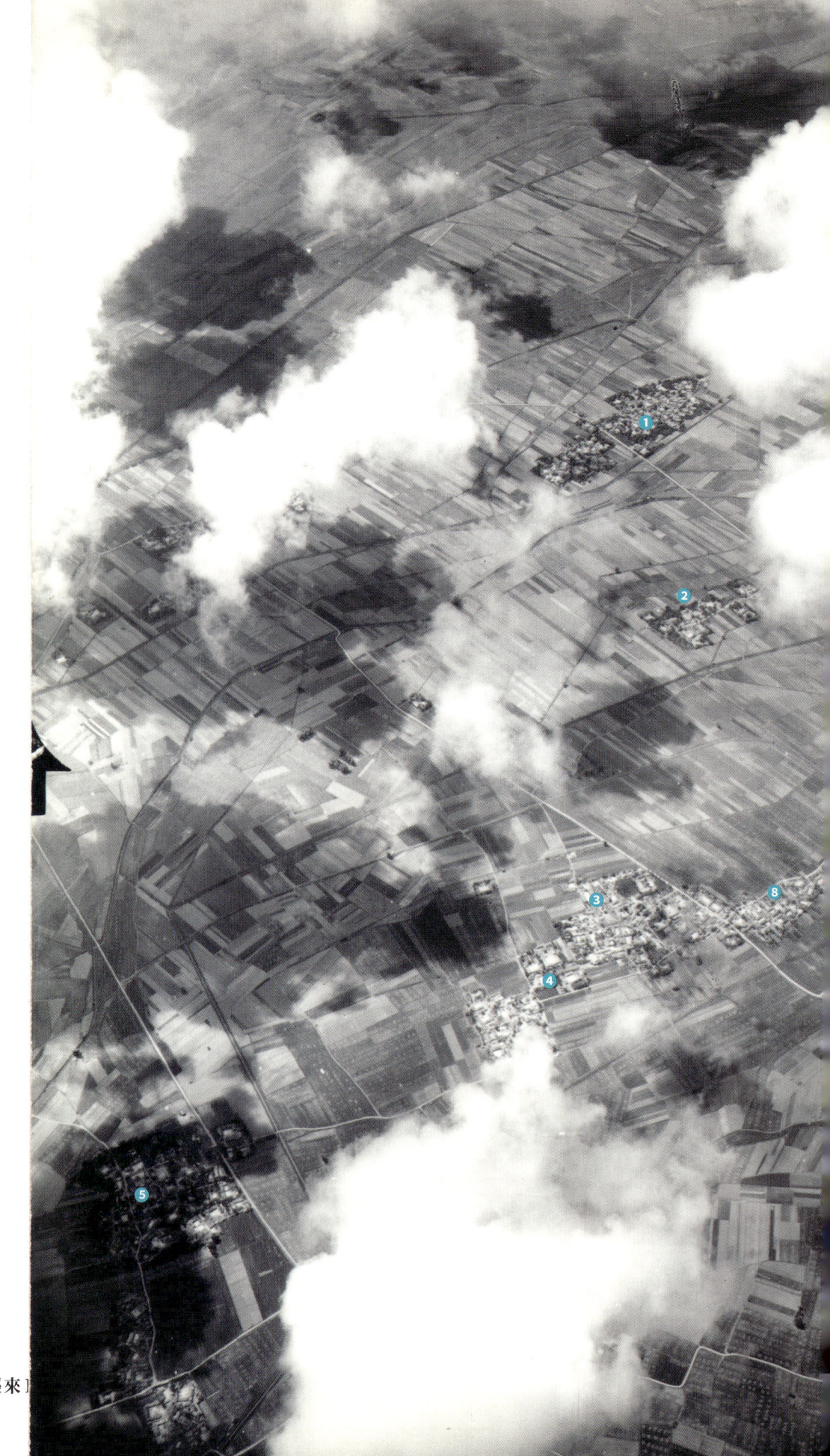

128 米機襲來

鳳山製糖所
(HOZAN SUGAR REF.)
實際為「大寮製糖所」。

❶ 下大寮
❷ 後壁寮
❸ 考潭寮
❹ 紅厝埒
❺ 琉球子
❻ 新庄子
❼ 大崎腳
❽ 芎蕉腳
❾ 大寮野戰病院
❿ 大寮製糖所
⓫ 山子頂

高雄州 129

小港飛行場（ TAKAO A/D FORMOSA ）

① 廠邊一路
② 飛機路
③ 機銃陣地

小港飛行場（TAKAO）

❶ 廠邊一路
❷ 飛機路

左營軍區

1. 廊後宿舍
2. 高雄海軍病院
3. 東海兵團
4. 高雄海兵團兵舍區
5. 高雄海兵團廳舍區
6. 高雄海兵團兵舍區
7. 高雄海兵團病舍區
8. 左營高角砲臺
9. 中正路
10. 高雄警備府倉庫區
11. 高雄警備府軍法會議廳舍
12. 高雄警備府廳舍／兵舍區
13. 高雄海軍水交社本館跡
14. 高雄海軍水交社別館
15. 廊後宿舍購買所

高雄州 133

左營港

1. 高雄海兵團
2. 高雄海軍病院
3. 廊後宿舍
4. 高雄海軍水交社
5. 財團法人海仁會高雄支部
6. 高雄海軍警備府
7. 高雄海軍施設部區
8. 荒鷲高角砲臺
9. 高雄海軍港務部
10. 左營港
11. F 要地

高雄州 135

岡山
A Japanese repair base, a supply depot, and landing strips at Okayama, Formosa were riddled by bombs dropped Oct. 14 by B-29 Superfortresses of the 20th bomber command.

136 米機襲來 II

車城海口（W. FORMOSA） ❶ 龜山 ❷ 觀測所 ❸ 屏鵝公路 ❹ 楓港

屏東（HEITO SUGAR REFINERY） ❶ 仁愛路 ❷ 屏東公園 ❸ 屏東女中

高雄州 137

林邊阮家花園　　中間橫貫的道路為今日的文化路。

高雄州

屏東市街與**屏東飛行場**
（HEITO A/D FORMOSA），
1945年8月11日。

❶ 博愛路
❷ 中山路
❸ 崇蘭舊路
❹ 和平路
❺ 成功路
❻ 民族路
❼ 原高射砲第八聯隊駐屯地
❽ 屏東飛行場
❾ 勝利路

14000) HEITO. A/D FORMOSA (AP669) REST)

屏東飛行場

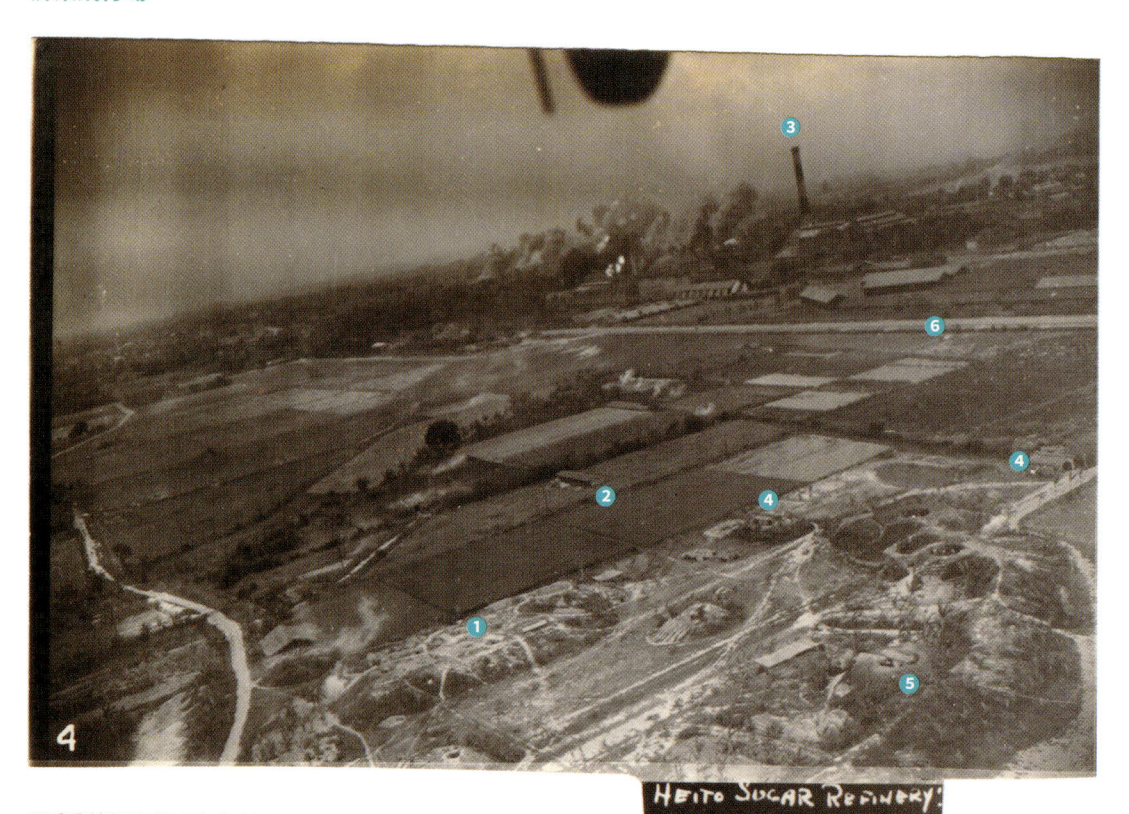

屏東製糖所附近的高射砲陣地（HEITO SUGAR REFINERY）

❶ 指揮所　❷ 兵舍　❸ 製糖所　❹ 彈藥庫　❺ 高射砲陣地　❻ 復興路（台27線）

屏東製糖所（HEITO SUGAR REFINERY）

屏東製糖所（HEITO SUGAR REFINERY）

屏東製糖所（HEITO SUGAR REFINERY）

TO SUGAR REFINERY

屏東師範宿舍群
（HEITO SUGAR REFINERY）

❶ 國立屏東大學院長宿舍
❷ 林森路

HEITO SUGAR REFINERY

148 米機襲來 II

SF 36901 . . . . . (SAN FRANCISCO BUREAU)
FORMOSA OIL REFINERY IS TARGET OF 1000 POUND BOMB

FORMOSA— BLAST OF FLAME THROWERS FROM TOSHIEN OIL REFINERY ON FORMOSA AS 1000-POUND BOMBS DROPPED FROM 5TH AIR FORCE LIBERATORS FIND THEIR MARK. TOTAL OF 1.32 TONS OF 1000-POUND DEMOLITION BOMBS WERE DROPPED ON THE REFINERY AND SURROUNDING TARGETS WHEN 34 BOMBERS ATTACKED RECENTLY. ALTHOUGH 10 OF THE BOMBERS WERE HIT BY JAPANESE FLAK, ALL RETURNED SAFELY TO THEIR BASE. 5TH AIR FORCE PHOTO.

BUREAUS COAST   CREDIT LINE (ACME)   7/10/45

① 第一機銃砲臺
② 被爆的原油蒸餾裝置
③ 縱貫道路
④ 縱貫鐵道
⑤ 貯水池
⑥ 半屏山北短六糎砲臺
⑦ 半屏山北十五糎砲臺
⑧ 半屏山

高雄楠梓第六海軍第 6 燃料廠
FORMOSA OIL REFINERY IS TARGET OF 1000 POUND BOMB…BLAST OF FLAME THROWERS FROM TOSHIEN OIL REFINERY ON FORMOSA AS 1000-POUND BOMBS DROPPED FROM 5TH AIR FORCE LIBERATORS FIND THEIR MARK. TOTAL OF 1.32 TONS OF 1000-POUND DEMOLITION BOMBS WERE DROPPED ON THE REFINERY AND SURROUNDING TARGETS WHEN 34 BOMBERS ATTACK RECENTLY. ALTHOUGH 10 OF THE BOMBERS WERE HIT BY JAPANESE FLAK.ALL RETURNED SAFELY TO THEIR BASE. 5TH AIR FORCE PHOTO. 7/10/45

高雄港與旗津（TAKAO），1945年2月24日。

❶ 旗津
❷ 愛河

潮州（SHOSHU）

潮州（SHOSHU） ❶ 八老爺　❷ 八德路　❸ 打鐵店　❹ 潮州街　❺ 八龍路　❻ 環龍路

高雄州 151

台灣海峽

白沙庄
西嶼庄
馬公街
湖西庄
馬公支廳
澎湖水道

望安支廳
望安庄

花東澎廳

花蓮港廳・台東廳

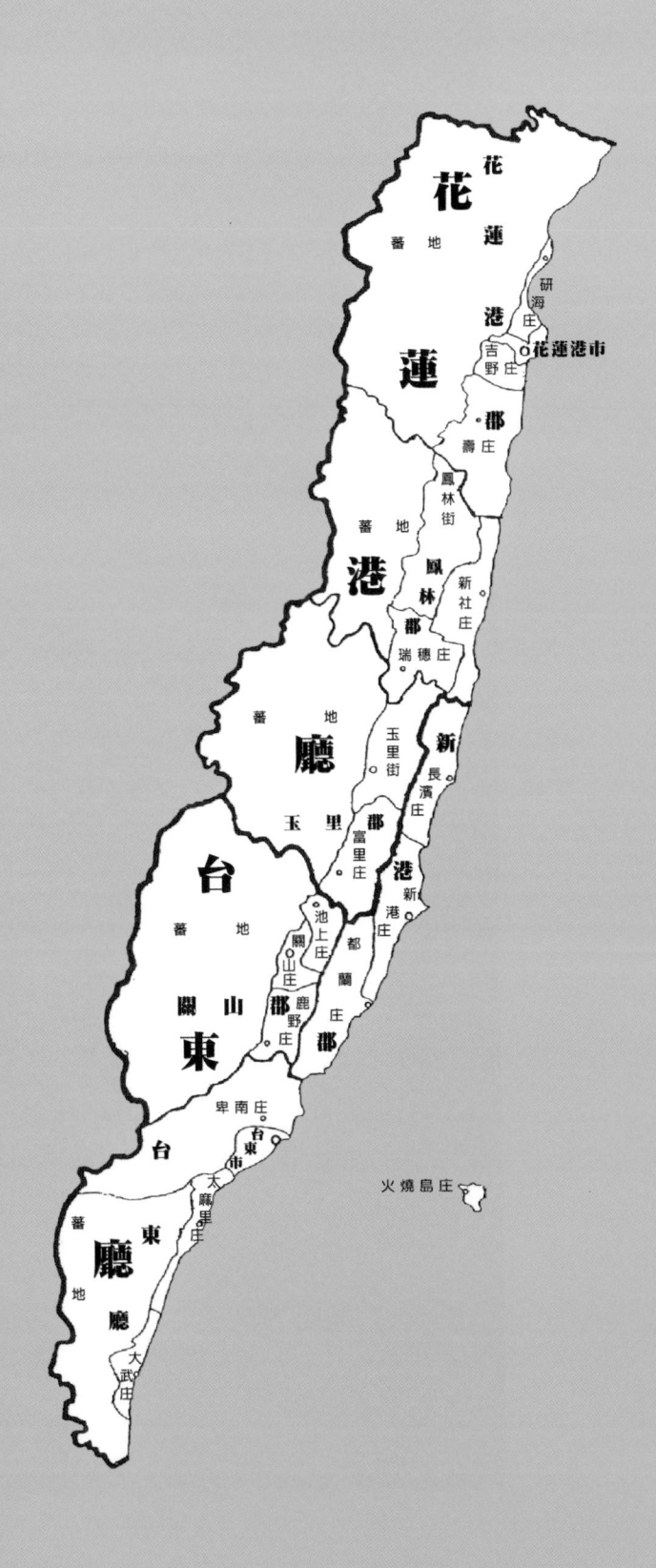

- 花蓮港廳
  - 花蓮港廳蕃地
  - 花蓮郡
    - 研海庄
    - 花蓮港市
    - 吉野庄
    - 壽庄
  - 鳳林郡
    - 鳳林街
    - 新社庄
    - 瑞穗庄
  - 花蓮港廳蕃地
  - 玉里郡
    - 玉里街
    - 富里庄
    - 新港庄
    - 長濱庄

- 台東廳
  - 台東廳蕃地
  - 關山郡
    - 關山庄
    - 池上庄
    - 鹿野庄
  - 新港郡
    - 都蘭庄
  - 台東郡
    - 卑南庄
    - 台東市
    - 太麻里庄
    - 火燒島庄
  - 台東廳蕃地
    - 大武庄

花蓮港（KARENKO R.R.）日出香榭大道

N.KARENKO R.R.009

花蓮港（KARENKO R.R.）

昭和國民學校即戰後的明義國小,旁邊的紅毛溪後來加蓋變成「日出香榭大道」。

❶ 花東線鐵道　❹ 民國路
❷ 昭和國民學校　❺ 紅毛溪
❸ 花蓮港農林學校

台東廳都蘭灣（TORAN WAN FORMOSA）

新東製糖所後來被稱為「都蘭糖廠」。

❶ 台東製糖場合資會社新東製糖所
❷ 都蘭國小　❸ 往都蘭鼻　❹ 台11線

澎湖廳馬公（MAKO）

1. 西文澳
2. 東文澳
3. 前寮
4. 大案山高角砲臺
5. 機雷庫
6. 重油槽
7. 大案山練兵場
8. 案山

158 米機襲來 II

澎湖廳馬公港

① 火力發電廠
② 第一棧橋

花東澎廳 159

澎湖廳馬公（MAKO）　　❶ 測天島

MAKO 210

測天島（MAKO）馬公灣　　❶ 測天島

MAKO-192

澎湖廳馬公陣地（MAKO）

MAKO 356

豬母水飛行場　❶ 地下式燃料庫　❷ 水塔　❸ 修理工場　❹ 飛機格納庫　❺ 燃料庫　❻ 戰鬥機

花東澎廳 161

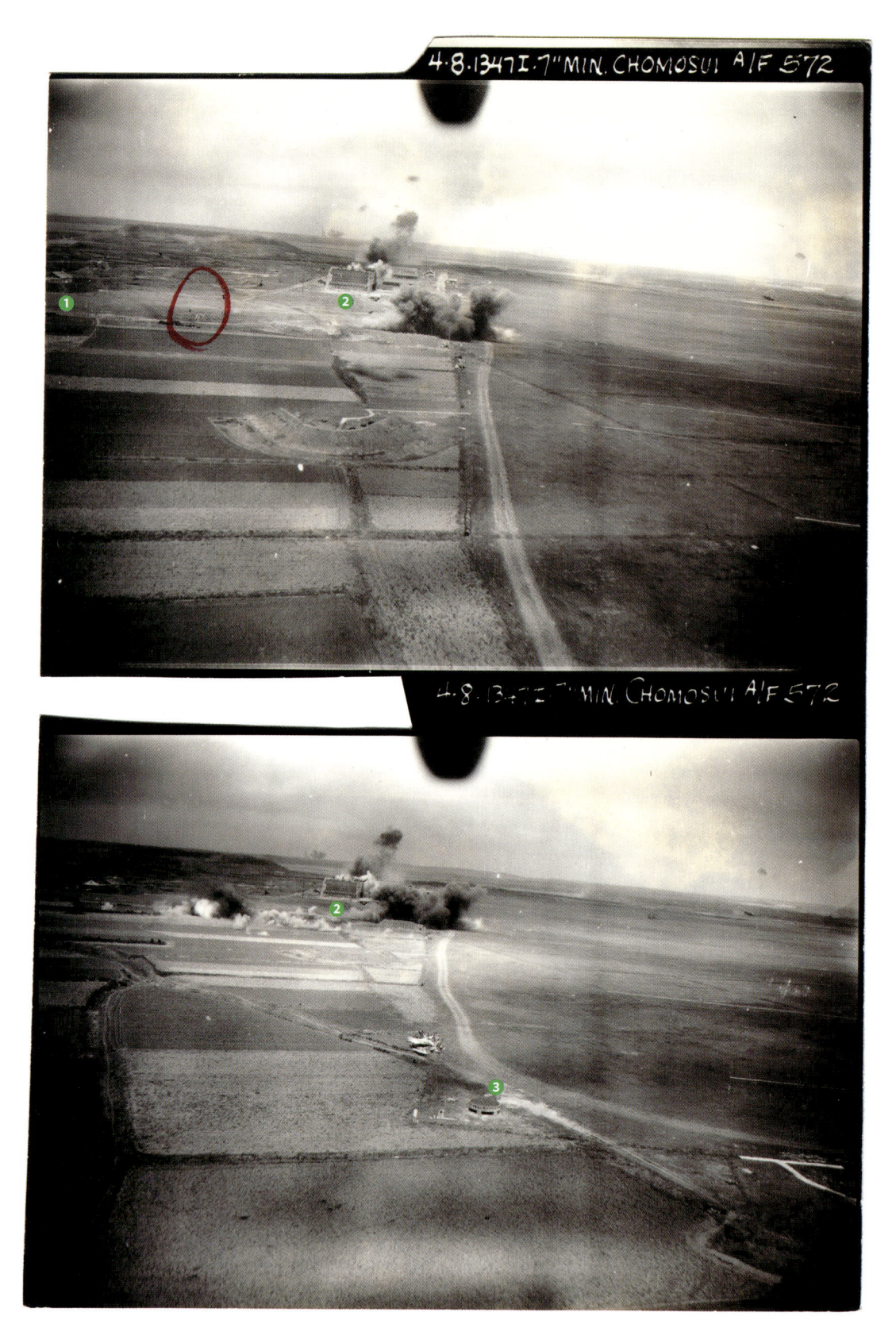

澎湖廳豬母水飛行場2連寫（CHOMOSUI A/F），1945年4月8日。　❶ 燃料庫　❷ 機棚　❸ 機槍堡

豬母水飛行場與周遭區域2連寫（CHOMOSUI A/F），
1945年4月8日。

❶ 三零基地飛行場唧筒所　❷ 北極殿
❸ 井子垵　❹ 201公路　❺ 飛機格納庫

164 米機襲來 II

豬母水飛行場（CHOMOSUI A/F），1945年4月8日。

① 兵舍
② 廚房及浴室
③ 豬母水砲臺倉庫
④ 雞母塢山
⑤ 雞母塢（五德）
⑥ 豬母水擬裝砲塔
⑦ 衛兵所
⑧ 官舍
⑨ 受信所
⑩ 水塔

尚未確認地點

五州三廳圖　王子碩提供

某工廠（R. R. West FORMOSA）

被擊毀的機關車與後方的貨列，1945年4月2日。

台北至新竹之間（TAIHOKU-SHICHIKU）

最下方火車上有2名戴鋼盔的士兵與25mm機關銃，1945年4月2日。

尚未確認地點 169

某學校或兵營（R.R. FORMOSA）

某工廠（R.R. WEST FORMOSA）照片上方的黑色部分原為半圓形，乃是B-25轟炸機的防擦撞裝置（TAIL BUMPER），不知是起飛時擦撞損毀亦或是被地面砲火所損傷。

某驛（WEST FORMOSA）

某鐵道末端（WEST FORMOSA），可以看到牛車與牛。

武裝台灣 1945

米機襲來 II

1944–1945 台澎日本軍通稱號研究暨美軍空襲圖錄

```
武裝台灣 / 甘記豪著. -- 初版.
台北市：前衛出版社, 2025.08
    面；    公分
ISBN 978-626-7727-15-7 (平裝)

1.CST: 軍事史 2.CST: 空戰史
3.CST: 臺灣史 4.CST: 軍隊

590.933              114007487
```

作　　者	甘記豪
彩圖上色	王子碩
選書策畫	林君亭
編　　輯	林君亭
美術設計	厚研吾尺・洪于凱
出 版 者	前衛出版社

104 台北市中山區農安街153號4樓之3
電話：02-25865708　傳真：02-25863758
郵撥帳號：05625551
購書・業務信箱：a4791@ms15.hinet.net
投稿・編輯信箱：avanguardbook@gmail.com
官方網站：http://www.avanguard.com.tw

出版總監	林文欽
法律顧問	陽光百合律師事務所
總 經 銷	紅螞蟻圖書有限公司

11494 臺北市內湖區舊宗路二段121巷19號
電話：02-27953656 ｜ 傳真：02-27954100

出版日期	2025年9月初版一刷
定　　價	新臺幣500元

ISBN：978-626-7727-15-7
E-ISBN：978-626-7727-14-0 (PDF)

©Avanguard Publishing House 2025 Printed in Taiwan

＊請上『前衛出版社』社群按讚追蹤，
獲得更多書籍、活動資訊。